高等职业教育产教融合特色系列教材

现代检测技术应用

主 编	吕海珠	袁国伟
	孙佳慧	姜云宽
副主编	顾佳超	张雪瑶
参 编	周燕娜	宋 杭
主 审	王 岩	

U0233324

北京理工大学出版社

BEIJING INSTITUTE OF TECHNOLOGY PRESS

内 容 提 要

本书采用六步教学法，以岗位技能要求为标准，选取典型项目案例为教学内容进行编写。本书主要包括数控铣零件的手动测量、数控铣零件的自动测量、数控车零件的自动测量、发动机缸体零件的自动测量、立板零件的自动测量、回转轴零件的自动测量六个项目。通过六个项目的检测，将坐标测量机的开、关机，手操盒的使用，PC-DIMS测量软件的使用，测头的校验，手动测量特征，坐标系的建立，自动测量特征，构造特征，尺寸评价，报告的生成等相关知识点深入浅出地融入案例中，将理论知识很好地与实践结合起来。

本书可作为应用型本科、高等职业院校、中等职业学校及技工学校精密检测技术课程的教材，也可作为各类技能培训、大赛培训的教材，还可供相关工程技术人员自学使用。

图书在版编目（CIP）数据

现代检测技术应用 / 吕海珠等主编. -- 北京：北京理工大学出版社，2025.1（2025.2重印）.
ISBN 978-7-5763-4664-0

Ⅰ. TP368.1

中国国家版本馆CIP数据核字第2025RJ9224号

责任编辑：高雪梅	文案编辑：高雪梅
责任校对：周瑞红	责任印制：李志强

出版发行 / 北京理工大学出版社有限责任公司

社　　址 / 北京市丰台区四合庄路6号

邮　　编 / 100070

电　　话 /（010）68914026（教材售后服务热线）
　　　　　　（010）63726648（课件资源服务热线）

网　　址 / http://www.bitpress.com.cn

版 印 次 / 2025年2月第1版第2次印刷

印　　刷 / 河北鑫彩博图印刷有限公司

开　　本 / 787 mm × 1092 mm　1/16

印　　张 / 15

字　　数 / 340千字

定　　价 / 48.00元

前　言

质量是企业的生命。产品质量的好坏，决定着企业有无市场，决定着企业经济效益的高低，决定着企业能否在激烈的市场竞争中生存和发展。在"以质量求生存"的形势下，企业要提高产品质量，必须重视产品的检验。现代测量技术是现代制造业，尤其是高端制造业提升和发展的关键技术。可以说，没有测量，就没有科学，就没有现代工业。作为功能最强大、通用性最强的数字化测量设备，三坐标测量机是现代几何量测量技术的代表。它是集机械、电子、计算机、软件、光学为一体的高科技、高精度的三维几何量测量系统。三坐标测量机功能强大、精度高、效率高、通用性强，能与柔性制造系统进行集成，在制造业中有"测量中心"之称，已经被广泛应用于科研、产品开发和生产制造过程中，是我国重点发展的新兴产业。

本书采用校企合作编写，选用海克斯康测量机及PC-DIMIS软件平台，精选具有典型特征的精密零件案例，案例涵盖数控铣零件、数控车零件、检测大赛典型零件、发动机缸体零件等，体现零件检测的完整工作过程。教学化处理的载体在涵盖国家职业技能鉴定标准和"1+X"认证需求，增添大赛真题，以赛促教，以赛促学，体现岗课赛证融通。针对高职学生特点，通过完整项目的模块化、任务式编排，在结构上采用六步教学法，中间穿插知识拓展和技能拓展，将碎片化知识和系统性知识架构有机衔接，培养了学生的方法能力和创新能力。

本书可作为应用型本科、高等职业院校、中等职业学校及技工学校精密检测技术课程的教材，也可作为各类技能培训、大赛培训的教材，还可供相关工程技术人员自学使用。

教学内容上，将发散思维、创新意识和创业训练有序融入教学项目中，通过创新挑战培养学生发散思维，创新优化设计培养创新意识，创新企业技术服务实现创业训练。本书分为六个项目36个工作任务，共有96学时。在课程结构上打破传统的知识点讲授，做"大型、完整工作"，不是零散的碎片化的知识点讲解。

以"三个面向"（面向现代化、面向世界、面向未来）为指导，以深化课程体系和教学内容改革，培养学生的创新能力和实践能力，以全面提高教学质量为重点，总结经验，认真研究21世纪教材建设的新思路、新机制和新方法。深化教材工作改革，突出重点、提高质量，注重特色、推行精品，丰富品种、优化配套，建设既能反映现代科学技术先进水平，又符合人才培养目标和培养模式、适用性强、质量高的教材。

本书由吕海珠（辽宁机电职业技术学院）、袁国伟（辽宁机电职业技术学院）、孙佳慧（辽宁机电职业技术学院）、姜云宽（辽宁机电职业技术学院）担任主编，顾佳超（长春汽车职业技术大学）、张雪瑶（长春汽车职业技术大学）担任副主编，周燕娜［海克斯康制造智能技术（青岛）有限公司］、宋杭［海克斯康制造智能技术（青岛）有限公司］参与编写。全书由王岩（辽宁机电职业技术学院）主审。教材的开发，得到了海克斯康测量技术（青岛）有限公司、长春汽车职业技术大学和北京理工大学出版社等单位的积极配合。本书的编写是院校专家团队和行业企业专家团队共同合作的成果，在此对相关人员一并表示衷心的感谢。

限于编者的知识水平和经验，书中难免存在疏漏之处，恳请广大读者提出宝贵意见和建议，以便使之日臻完善。

编　者

目 录

项目一 数控铣零件的手动测量

项目梳理

项目名称	项目节点	知识技能（任务）点	课程设计	学时
项目一 数控铣零件的手动测量	一、项目计划	1. 布置检测任务	课前熟悉图纸，完成组内分工（附表1-1）	2
		2. 现代检测技术应用	课程素养，培养爱国主义情怀及质量意识。 课后总结所了解的现代检测设备	
		3. 三坐标测量机简介及开关机		
	二、项目分析	1. 分析检测对象	课中讲练结合	4
		2. 分析基准		
	三、项目决策	1. 确定零件装夹		
		2. 确定测针及测角		
		3. 根据测角规划检测工艺	课后提交检测工艺表（附表1-2）	
	四、项目实施	1. 测头校准及工件找正	课中讲练结合。 课后复习3-2-1法建立坐标系。 课程素养，检测过程要严谨细致、一丝不苟，培养强烈的质量意识	2
		2. 3-2-1法建立坐标系		2
		3. 手动测量		2
	五、项目结论	1. 尺寸评价	课前复习公差测量相关知识	4
		2. 报告输出	课中讲练结合。 课程素养，质检员不能擅自更改检测结果，严守职业道德。 课后提交检测报告单	
	六、项目评价	1. 保存程序、三坐标测量机关机及整理工具	课后提交组内评价表（附表1-3）、项目一综合评价表（附表1-4）	
		2. 组内评价及项目一综合评价		

项目一成果： 项目完成后要求提交组内分工表（附表1-1）、检测工艺表（附表1-2）、检测报告（每组提交一份）、组内评价表（附表1-3）、项目一综合评价表（附表1-4），以及学习总结，见附件一。

一、项目计划

课前导学

　　教师给学生布置任务，学生通过查询互联网、查阅图书馆资料等途径收集相关信息，根据检测任务，熟悉图纸，了解被测要素及基准。

【布置检测任务】

　　某质检部门接到生产部门的工件检测任务（工件检测尺寸见表1-1，工件图纸如图1-1所示），检测数控铣零件加工是否合格，要求如下：

　　（1）按图纸要求完成数控铣零件的检测。

　　（2）图纸中未标注公差按照±0.05 mm处理。

　　（3）按尺寸名称、实测值、公差值、超差值等方面，测量零件并生成检测报告，并以PDF文件输出。

　　（4）测量任务结束后，检测人员打印报告并签字确认。

表1-1   工件检测尺寸

序号	尺寸	描述	标称值	公差	上极限尺寸	下极限尺寸	关联元素 ID
1	D001	尺寸2D距离	60	±0.02	60.02	59.98	PLN1，PLN2
2	DF002	尺寸直径	40	0.04/0	40.04	40	CIR1
3	D003	尺寸2D距离	60	±0.05	60.05	59.95	CYL1，CYL2
4	D004	尺寸2D距离	28	±0.02	28.02	27.98	PLN3，PLN4
5	DF005	尺寸直径	12	±0.05	12.05	11.95	CYL3
6	D006	尺寸2D距离	78	0.04/0	78.04	78	PLN5，PLN6
7	SR007	尺寸球半径	5	±0.05	5.05	4.95	SPHERE1
8	A008	尺寸锥角	60°	±0.05°	60.05°	59.95°	CONE1

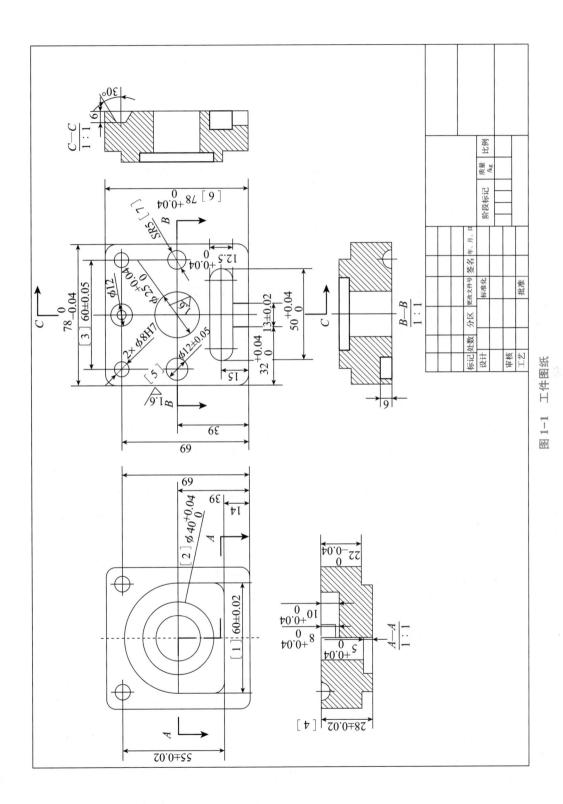

图 1-1 工件图纸

【现代检测技术应用】

随着科学技术的进步，加工制造手段越来越先进，数字化程度越来越高，制造精度要求也越来越严格。面对高精度的加工产品，传统测量有很多缺点，如工具自身精度不高，人为误差较大，工具量程小，许多形状较复杂的测量任务（如曲面）难以实现，所以，需要选择高精度检测设备对产品进行检测。

三坐标测量机的种类多种多样。在自动化制造系统中，三坐标测量机被广泛用来完成高精度的检测任务，它能自动检测工件尺寸误差、形位误差及复杂的曲面变化等。三坐标测量机作为近几年发展起来的高效率精密测量仪器，目前已广泛地应用于机械制造、电子、汽车和航空、航天等领域，已经成为新时代的测量中心。

三坐标测量机有普通量具无法比拟的特点，包括测量精度高，工作适应性强，测量结果一致性好，一次装夹完成尽可能多的复杂测量，能完成人工无法胜任的测量工作。

> **小提示**
>
> 21世纪是"质量世纪"。当前，正在开展新一轮的全面品质质量管理基本知识普及教育活动，其目的是进一步提高广大员工的质量素质，进而提高企业的竞争能力。因此，品质质量管理工作的重点是质量控制意识的形成。

【三坐标测量机简介】

1. 三坐标测量机的概念

三坐标测量机（简称为测量机）是一种通用的三维尺寸测量仪器，也是精密机械加工中必备的检测设备。其除可以测量长度尺寸外，还可以测量工件的形状。该仪器是将机、电、光、计算机融为一体的高精度、高效率、高自动化的检测设备。1956年，英国一家公司开发了第一台三坐标测量机。1992年，全球拥有46 100台三坐标测量机，发达国家拥有数量多，在欧美、日、韩每6~7台机床配备一台三坐标测量机。我国三坐标测量机的生产始于20世纪70年代。目前，三坐标测量机被广泛应用在汽车、航天、航空、家电、电子、模具等制造领域。

任何物体的形状都是由空间点组成的，所有几何测量都可归结为空间点的测量。因此，采集空间点的精确坐标是评定任何几何形状及误差的基准。

2. 三坐标测量机的原理

三坐标测量机的基本原理是将被测零件放入它允许的测量空间，精确地测量出被测零件表面的点在空间三个坐标轴中的数值，将这些坐标值经过计算机数据处理拟合成测量元素，如圆、圆柱、圆锥等。再经过数学计算的方法得出具体形状、位置、公差等其他几何数据。还可以满足逆向（反求）工程的需要，通过三维扫描测量出工件轮廓曲线的数据，并用得到的数据制图、建模和加工。

三坐标测量机的原理如图1-2所示。

3. 三坐标测量机的分类

三坐标测量机可分为桥框式、悬臂式、龙门式、关节臂式。

（1）桥框式三坐标测量机。桥框式三坐标测量机又可分为移动桥式三坐标测量机和固

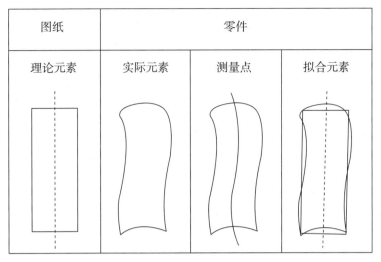

图纸	零件		
理论元素	实际元素	测量点	拟合元素

图1-2 三坐标测量机的原理

定桥式三坐标测量机。

1）移动桥式三坐标测量机（图1-3）。移动桥式三坐标测量机的结构简单、紧凑，刚性好，具有较开阔的空间。工件安装在固定的工作台上，承载能力较强，工件质量对测量机的动态性能没有影响。中小型测量机，无论是手动的还是数控的，多数是采用这种结构形式的。其精度高，结构简洁，可满足现代企业生产80%以上的工件检测需要，数量占所有测量机的80%。

2）固定桥式三坐标测量机（图1-4）。固定桥式三坐标测量机的刚性好，由龙门固定，工作台由活动导轨实现被测工件的运动。其主要特点是精度高，是目前世界上精度最高的三坐标测量机，可实现各种复杂零件的高精度测量。固定桥式三坐标测量机的体积大，质量重，承载的零件有一定限制，一般不能超过800 kg。

图1-3 移动桥式三坐标测量机　　　　图1-4 固定桥式三坐标测量机

（2）悬臂式三坐标测量机（图1-5）。悬臂式三坐标测量机开敞性好，测量范围大，可以由两台机器共同组成双臂测量机，尤其适用于汽车工业钣金件的测量。精度和刚性比桥框式三坐标测量机低。

图1-5　悬臂式三坐标测量机

（3）龙门式三坐标测量机（图1-6）。龙门式三坐标测量机适用于大型工件的测量。

图1-6　龙门式三坐标测量机

（4）关节臂式三坐标测量机（图1-7）。关节臂式三坐标测量机具有非常好的灵活性，适合携带到现场进行测量，对环境条件要求比较低。

图1-7　关节臂式三坐标测量机

4. 三坐标测量机的组成

三坐标测量机的组成（本书以海克斯康三坐标测量机为例）包括三坐标测量机主机、控制柜、计算机（图1-8）。其中，主机 Z 轴上有测头探测系统。测头探测系统由测座、测头（传感器）、测针组成（图1-9、图1-10）。

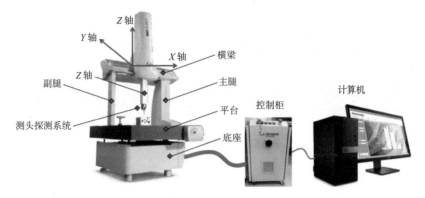

图1-8　三坐标测量机的组成

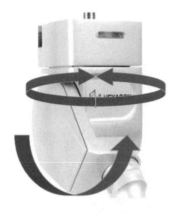

图1-9　测座及传感器

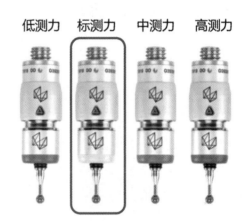

低测力　标测力　中测力　高测力

图1-10　测头（一）

知识链接

　　测头是负责采集测量信息的组件。测头的测量方式可分为接触式触发测量、接触式连续扫描测量及非接触式光学测量，如图1-11所示。

图1-11　测头（二）

（1）测座可分为固定式测座和旋转式测座。

1）固定式测座。固定式测座不能旋转，测座可以消除旋转定位重复性误差，通常应用于高精度的测量机。

2）旋转式测座。旋转式测座可分为自动旋转测座和手动旋转测座，可以灵活配置测头角度。

（2）测针可分为球形测针、星形测针、柱形测针、盘形测针（图1-12）。

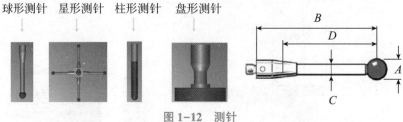

图1-12　测针

A—测球直径；*B*—测针总长度；*C*—测杆直径；*D*—有效工作长度

在自动分度测头系统中，测角可分为A角和B角，两个角度组合构成了不同的测头角度，便于测量不同方向的被测要素。图1-13所示的5分度测头中，A角的范围是+90°～−115°；B角的范围是0°～+180°和−180°～0°。

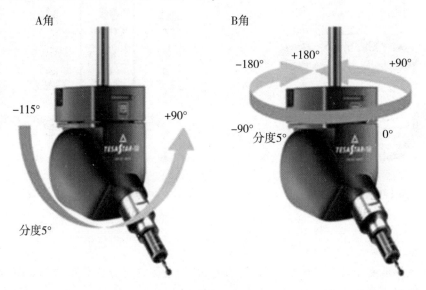

图1-13　测头角度的定义

5. 三坐标测量机的工作条件

（1）温度：三坐标测量机环境温度的变化主要包括温度范围、温度时间梯度、温度空间梯度。

1）温度范围：20 ℃±2 ℃。

2）温度时间梯度：≤1 ℃/h 或≤2 ℃/24 h。

3）温度空间梯度：≤1 ℃/m。

（2）湿度：空气相对湿度为25%～75%（推荐40%～60%）。

（3）震动：如果机床周围有大的震源，需要根据减震地基图纸准备地基或配置自动减震设备。

（4）电源：一般配电要求如下所述。

1）电压：交流 220（1±10%）V

2）独立专用接地线：接地电阻≤4 Ω。

（5）气源：要求无水、无油、无杂质，供气压力>0.5 MPa。

【三坐标测量机开机】

1. 开机前准备

（1）检查机器的外观及机器导轨是否有障碍物。

（2）对导轨及工作台面进行清洁。

（3）检查温度、湿度、气压、配电等是否符合要求。

2. 测量机开机

（1）打开气源（气压高于 0.5 MPa），如图 1-14 所示为三坐标测量机气源开关。

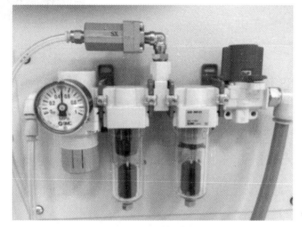

图 1-14　三坐标测量机气源开关

（2）检查设备上的所有急停按钮是否已经松开。

（3）开启控制柜（图 1-15）电源，系统进入自检状态（操纵盒所有指示灯全亮），开启计算机电源。

（a）

（b）

（c）

图 1-15　控制柜

（a）DC240 控制柜；（b）DC241 控制柜；（c）DC800 控制柜

（4）系统自检完毕（操纵盒部分指示灯灭），长按加电按钮 2 s 加电。操纵盒功能如图 1-16 所示。

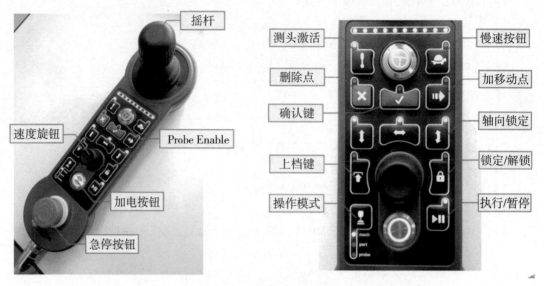

图 1-16　操纵盒功能介绍

（5）启动 PC-DMIS 软件，三坐标测量机进行回零点（回家）过程。

（6）选择当前的默认测头文件（如当前无配置的测头，则选择未连接测头）。

（7）测量机回零点后，PC-DMIS 进入工作界面，三坐标测量机开机完成。

【三坐标测量机关机】

（1）首先将测头移动到安全的位置（图 1-17）（将测头调节到 A-90B0 角度）和高度（避免造成意外碰撞）。

（2）退出 PC-DMIS 软件，关闭控制系统电源和测座控制器电源。

（3）关闭计算机并关闭气源。

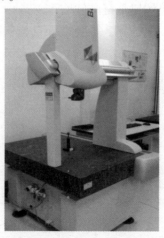

图 1-17　测量机安全位置

想一想

　　教师给学生布置任务，学生通过查询互联网、查阅图书馆资料等途径收集、分析有关信息，然后分组进行检测项目的分析。

　　问题1：现代精密检测设备有哪些？

_____

　　问题2：三坐标测量机的类型有哪些？

_____

　　问题3：三坐标测量机主要测量什么？

_____

　　问题4：请写出图中测角度数。

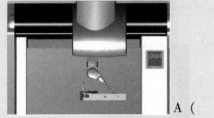

A（　　　），B（　　　）

二、项目分析

【分析检测对象】

　　根据"项目计划"环节布置的检测任务，认真读图，理解零件结构，确定图中被测要素及公差。

【分析基准】

　　根据"项目计划"环节布置的检测任务，认真读图，理解零件结构，确定图中基准。分析基准尤为重要，之后会利用基准建立检测的坐标系。

三、项目决策

【确定零件装夹】

　　零件装夹最基本的原则是在满足测量要求的前提下尽可能保证以尽量少的装夹次数完

成全部测量尺寸。

以本测量案例分析，所有尺寸集中分布在上端面和下底面。如果选用图 1-18 所示的装夹方式，会导致底部特征无法测量。

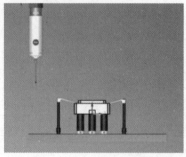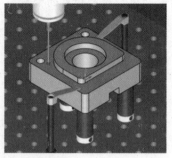

图 1-18　底面装夹的错误形式

为了保证一次装夹完成所有要求尺寸的检测，本案例推荐将零件侧向装夹方案（使用海克斯康柔性夹具），零件相对三坐标测量机姿态参考图 1-19。

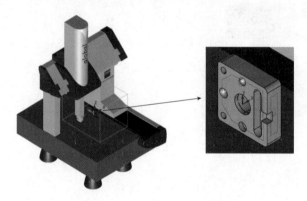

图 1-19　正确的侧面装夹

【确定测针及测角】

根据装夹形式确定 A90B90 与 A90B-90 两个测针角度（图 1-20），用于测量两个侧面。测针类型可以选择 3BY20 mm 的球形探测针。

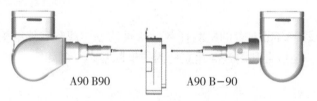

A90 B90　　　　　　　　A90 B-90

图 1-20　测针角度

（1）测针连接螺纹：本例中使用 M2（部分使用 M3 或 M5）。

（2）测针总长度：测针连接端面至红宝石球心距离（B）。

（3）红宝石测球直径：需要根据零件被测特征尺寸合理选择，本例中最小孔直径为 8 mm，选用常规 $\phi 3$ mm 测针即可。

【根据测角规划检测工艺】

基于上述步骤，可以在同一角度下检测完所有被测要素后，再更换另一角度，从而规划出检测顺序，制定出检测工艺，并填写检测工艺表（附表1-2）。

小组进行方案展示，其他小组对该方案提出意见和建议，完善方案。

本小组分析的检测方案的判断依据是零件装夹方式、检测顺序、测针型号、测针角度。

四、项目实施

【测头校准】

在测量之前，要对所使用的测头进行校准。由于测头触发有一定的延迟，以及测针会有一定的变形，测量时测头的有效直径会小于该测针红宝石测球的理论直径。所以，需要通过校验得到测量时的有效直径（图1-21），对测量进行测头补偿。在测量过程中，往往需要通过不同测头角度/长度和直径的组合来完成测量任务，不同位置的测点必须经过转化才能在同一坐标下计算，这就需要通过测头检验来获得不同测头角度与参考测针之间的位置关系（图1-22）。

测针的有效直径

图1-21 获得测针的有效直径

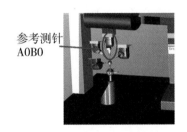

参考测针 A0B0

图1-22 获得各个角度的位置关系

注意：在校验测针前，需做以下检测工作：

（1）保证测头、测针各连接件必须安装紧固，不能有松动。

（2）注意标准球支座各连接不能有松动，底座必须紧固于测量机平台上。

（3）使用无纺布擦拭测针红宝石测球及标准球，保证表面清洁无污渍。

操作流程如下：

（1）新建测量程序（图1-23）。打开"文件"→"新建"，在"新建测量程序"对话框中输入零件名称，注意测量单位和接口选择。

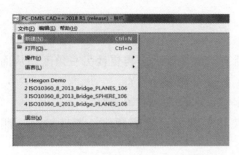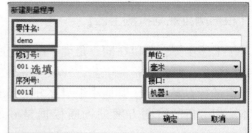

图 1-23　新建测量程序

（2）配置测头（图 1-24）。执行"插入→硬件定义→测头"命令，进入测头功能对话框或编辑（F9）加载"测头"命令。

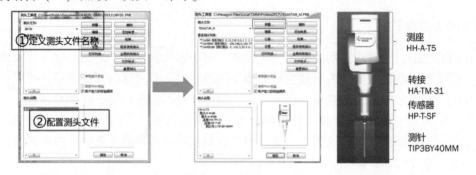

图 1-24　配置测头

（3）添加角度（图 1-25）。打开"测头工具框"对话框，单击"设置"按钮进入设置页面，添加 A90B90 与 A90B-90，按 Ctrl 键，首先选择参考测针 A0B0，然后选择测针 A90B90、A90B-90，这时前面会显示顺序标号。未校验的角度前面会有 ＊ 符号。

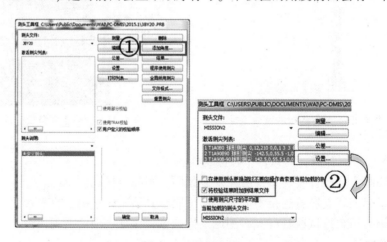

图 1-25　添加角度

（4）把校验用的标准器（标准球如图 1-26 所示）固定到机器上，检查标准球的稳固和清洁，同时，检查测头各连接部分的稳定及红宝石测球的清洁。注意：标准球都会随测量机配置，是高精度的标准器，在使用中要注意保护。测头校验的结果对测量精度影响很大，为保证测量机精度，标准球需要定期校准。

（5）单击"测量"按钮（图1-27），弹出"校验测头"对话框。

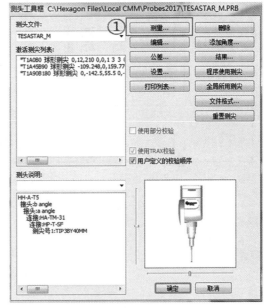

图1-26　标准球　　　　　　　　　　图1-27　测量

（6）各参数设置（图1-28）。测点数为9；逼近/回退距离为2.54；移动速度为20 mm/s；接触速度为2 mm/s；操作类型为校验测尖；模式选择自动；校验模式为用户定义（层数为3层；起始角为0.0°；终止角为90.0°）；没有选择任何测尖时默认选择所有测尖。

图1-28　参数设置

1）各参数解释。

①测点数：校验时每个角度测量标准球的采点数。

②逼近/回退距离、移动速度、接触速度如图1-29所示。

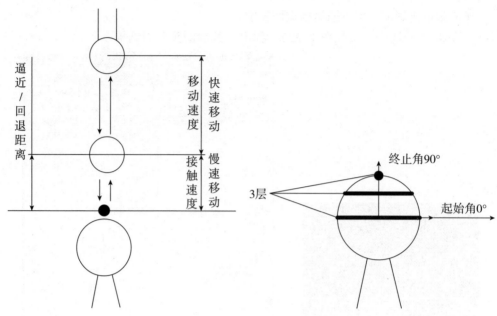

图 1-29　运动参数

2）各参数含义。运动方式一般采用 DCC 方式。

PC-DMIS 软件提供了 4 种测头校验模式，分别为手动、自动、Man+DCC、DCC+DCC。

①手动。手动模式要求手动采集所有测点，即使三坐标测量机具有 DCC 功能。此模式多用于特定机型，如关节臂式三坐标测量机的测针校验。

②自动。三坐标测量机使用 DCC 模式在标准球上自动采集所有测点。如果标准球是第一次安装并首次校验测针，或在校验测针前已移动校验工具，则必须手动在标准球上采集第一个测点。

③Man+DCC。Man+DCC 模式为混合模式。此模式有助于校准不易模拟的奇异测头配置，尤其是测针指向空间特定角度。在多数情况下，Man+DCC 类似 DCC 模式，但存在以下不同：

a. 必须手动为每个测尖采集第一个测点，即使标定工具尚未移动。该测尖的所有其他测点将在 DCC 模式下自动采集。

b. 因为所有第一次触测均手动执行，所以校准前后不对每个测尖进行测量的安全移动。

④DCC+DCC。DCC+DCC 模式与 Man+DCC 模式类似，两个模式采点的方式是一致的，不同的是 DCC+DCC 模式在用于定位标准球的第一个测点是自动采集的，而 Man+DCC 模式则需要手动采集第一个测点。如果使全部过程都是自动校准，则此模式非常有用。但是，使用 Man+DCC 模式会获得更准确的结果。

3）校验模式：测点在标准球上的分布，一般应采用用户定义，层数应选择 3 层。起始角和终止角可以根据情况选择，一般球形和柱形测针采用 0°～90°。对特殊测针（如盘形测针）校验时起始角、终止角要进行必要调整。

（7）单击"添加工具"按钮，设置标准球参数，如果已有定义好的标准球，可以从"可用工具列表"中选择，设置完毕后，单击"确定"按钮，返回"校验测头"对话框。

1）参数含义：

① 工具标识：不能使用！@＃＄％^＆＊（）－+=\等特殊字符，建议使用英文大写字母。

② 工具类型：一般使用球体。

③ 支撑矢量：标准球固定在机器上，可以有不同的方向，为了避免校验测头时测针和支撑杆干涉，需要告知标准球的摆放方向。

④ 直径/长度：在标准球（或其他标准器）的证书上会有标定直径（长度），并会定期校准，要输入最新的校准值。

2）标准球方向定义（"添加工具"的设置如图1-30所示）：标准球的方向是指支撑杆指向球的方向，用I、J、K来表示：

①与X轴夹角的余弦值称为I；

②与Y轴夹角的余弦值称为J；

③与Z轴夹角的余弦值称为K。

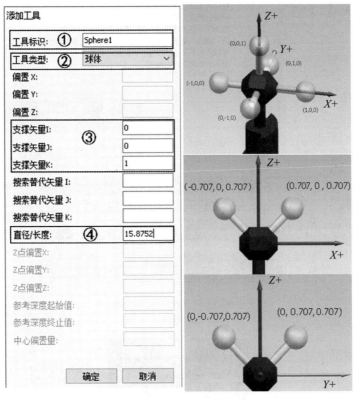

图1-30 "添加工具"的设置

（8）校验过程。单击"测量"→"是-手动采点定位工具"→"确定"按钮（图1-31），弹出采点"执行"提示框（图1-32）。采点结束，单击操纵盒的确认键（图1-33）。机器自动运行，按顺序校验完所有角度。校验完成后，"激活测头列表"里的星号消失。

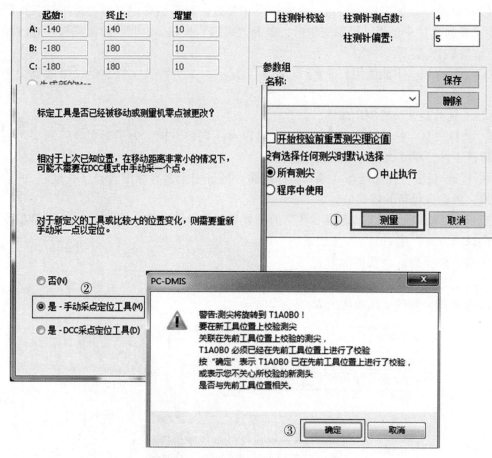

图 1-31　校验过程

图 1-32　"执行"提示框

图 1-33　采点确认键

知识拓展一

（1）如果是第一次校验，需要选择"是-手动采点定位工具"。

（2）如果是重新校验测针，标准球没有移动，则需要单击"否"，自动测量。

（3）如果是重新校验测针，标准球移动过，需要先校验参考测针（A0B0），并且选择"是-手动采点定位工具"，按图1-34所示的步骤操作。

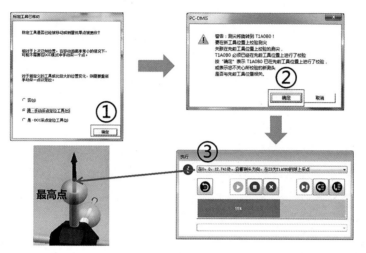

图1-34 采点流程

（4）查看校验结果（图1-35）。"StdDev"是校验结果的标准差，这个误差应越小越好，一般结果小于0.002。

图1-35 校验结果

小结：测头校验流程为配置测头→添加角度→定义标准球→校验测针→查看结果，如图1-36所示。

图1-36　测头校验流程

知识拓展二

编程人员：要将编程时的测头配置保存并存档（照片），在测量程序里应做好备注，最好的方法是保存测头文件（*.prb），以便操作人员在测量工件时能够得到相关的测头配置信息。保存的测头配置信息包含测座、测头、转接、加长杆、测针、所使用的角度。

操作人员：在使用新的测量程序时，首先需要了解该程序的测头配置信息，并按照该信息配置测头，否则有可能会导致测针干涉，甚至碰撞。如果所使用的测头和编程时使用的测头不一致，要尽量和编程时配置的测针长度近似，并在第一次运行时进行程序调试。

当校验结果偏大时，应检查以下几个方面：

（1）测针配置是否超长或超重或刚性太差（测力太大或测杆太细或连接太多）。

（2）测头组件或标准球是否连接或固定紧固。

（3）测尖或标准球是否清洁干净，是否有磨损或破损。

出现以下情况时需要重新校验测头：

（1）测量系统发生碰撞：使用的测针角度需要全部校验。

（2）测头部分更换测针或重新旋紧：此时测针角度需要全部校验。

（3）增加新角度时先校验参考测针"A0B0"，再校验新添加的角度。

想一想

教师给学生布置任务，学生根据课堂讲解思考并回答以下问题。

问题1：

层数　　（　　　）

起始角　（　　　）

终止角　（　　　）

问题 2：此标准球支撑方向与（X、Y、Z）轴向夹角分别为（135°，90°，45°），所以其矢量（I，J，K）为（cos135°，cos90°，cos45°），即（　，　，　）。

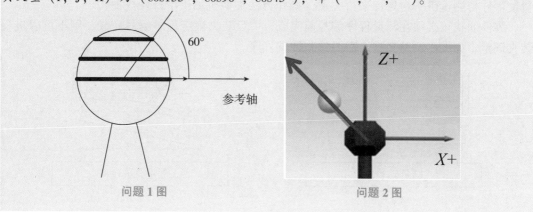

问题 1 图　　　　　　　　　　　　　　问题 2 图

【工件找正】

（1）工件测量前的准备工作。

1）工件恒温：工件在测量前需要在恒温间进行恒温处理。

2）工件清洁：加工留下的切屑、冷却液和机油对测量误差也有影响。如果这些切屑和油污黏附在测针的红宝石测球上，就会影响测量机的性能和精度。在测量机开始工作之前和完成工作之后分别对工件进行必要的清洁和保养工作，避免将不必要的误差带入测量结果中。通常可使用无水乙醇和无纺布擦拭工件。如果有螺纹孔需要检测，可尝试使用细毛刷做进一步处理。

3）工件装夹：将标准球从测量机上卸下，根据编程时的夹具设置进行零件装夹，夹具的位置最好与编程时一致，避免运行中碰撞夹具。工件尽量放在机器的中间位置，并进行粗略找正。装夹时保证工件的稳固，但不能变形（为了安全，本任务装夹工件前将标准球从测量机上卸下。实际应用中，如果确定标准球不干涉零件的测量，可以将标准球固定在某一个位置，提高效率）。

4）装夹时要进行零件的找正：要求零件与测量机坐标系轴线保证垂直平行关系，避免测针的干涉。找正对比如图 1-37 所示。

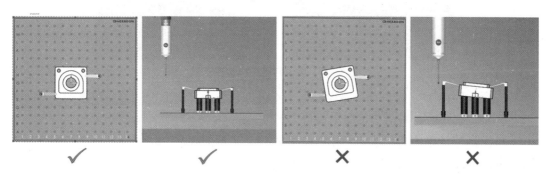

图 1-37　找正对比

　　零件装夹在工作平台上，需要使用定制夹具，常规夹具很难保证一次装夹后零件可以做到横平竖直的理想摆放状态［图1-38（a）］，或多或少都有一定歪斜［图1-38（b）］。测量前尽量使零件与测量机平台保持平行关系（操作方法类似机加工中打表找正）。

　　零件的找正必须在测量程序编写前完成，一旦装夹确定程序编写完成，则不可以进行装夹调整。如果要调整夹具，需要重新调试程序。

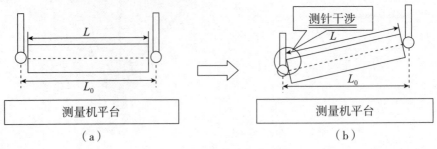

图1-38　工件摆放状态对比

　　三坐标测量机由于具备专业的测量软件，可通过建立零件坐标系（Alignment）的方式实现数学找正，因此，三坐标测量机不严格要求零件做到精确找正，理论上只要装夹稳固、测针不干涉即可。

　　（2）零件找正的方法。零件找正的方法有两种，这里采用锁定操纵盒轴向的方式来找正零件。

　　1）调整零件上平面与测量机Z轴近似垂直，零件底面由两个相同规格的支撑柱支撑，因此不需要调整上平面位置。

　　2）调整侧面轴向（图1-39）。将操纵盒的X轴锁定灯按灭（这时测量机只能沿着Y、Z轴移动），使用操纵盒将测量机的测针贴近零件侧面的后边缘，并保留微小间隙（约1 mm），然后沿着Y轴移动测量机到侧面前边缘，比较两次的间隙大小并尽量保持一致。

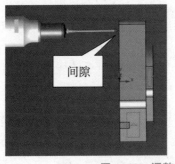 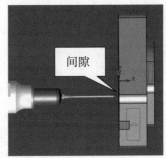

图1-39　调整侧面轴向步骤示意

　　在调整过程中，可按轴向锁定键锁定三个轴中的一轴，保证更精确地观察测头与零件间隙。"轴向锁定"按键应用如图1-40所示。

　　"轴向锁定"按钮共有3个，分别控制Y、X、Z轴的移动。按钮指示灯亮，则表示三坐标测量机可以沿着该轴向移动，如果要锁定该轴的移动，按灭此按钮指示灯即可。该功能在零件找正或精准位置手动测量中经常使用。

图1-40 轴向锁定按键

【3-2-1法建立坐标系】

根据图纸分析，以经典的3-2-1法建立手动坐标系。测量模式必须为手动模式（图1-41）（默认模式）。

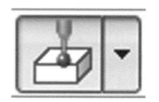

图1-41 手动模式按钮

手动测量找正平面。其操作步骤如下：

（1）测针切换为"测尖/T1A-90B90"（图1-42）。

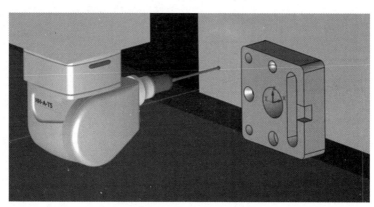

图1-42 测尖/T1A-90B90

（2）通过执行"视图"→"其他窗口"→"状态窗口"命令，开启"状态窗口"；用操纵盒操纵测头在此平面采集3个点，按操纵盒确认键，在软件中得到"平面1"的测量命令。

由于粗建基准第一次为零件定向、定位，因此不需要在基准平面上大量采点，建议测点点数为3~4，测点按照推荐位置分布。如图1-43所示为平面的采点形式，图1-43（a）的测点分布太集中，不能反映全貌；图1-43（b）的测点分布近似在一条直线上，不能反映平面矢量；图1-43（c）为推荐方法，测点分布得当。

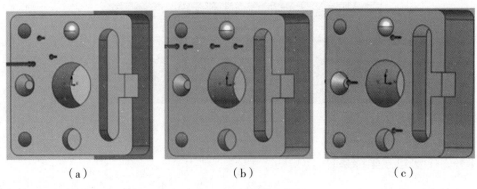

（a）　　　　　　　　（b）　　　　　　　　（c）

图 1-43　平面的采点形式

（a）测点分布太集中，不能反映全貌（×）；（b）测点分布近似在一条直线上，不能反映平面矢量（×）；

（c）推荐方法，测点分布得当（√）

（3）插入新建坐标系找正平面。其操作步骤（图 1-44）如下：

1）通过执行"插入"→"坐标系"→"新建"（使用 Ctrl+Alt+A 组合键或单击新建坐标系图标 ）命令插入新建坐标系 A1。

2）鼠标左键点选"平面 1"，将找正方向选择为"X 负"，单击"找正"按钮，有"X 负　找正到平面标识=平面 1"命令显示在信息提示栏。

3）鼠标左键再次点选"平面 1"，勾选"X"前的复选框，单击"原点"按钮，则有"X 正　平移到平面标识=平面 1"命令显示在信息提示栏。

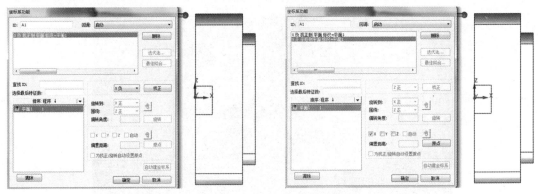

图 1-44　坐标系 A1 建立步骤

（4）手动测量次基准平面上的一条直线，测量顺序如图 1-45、图 1-46 所示。其操作步骤如下：

1）将工作平面切换为"Y 负"。

2）用操纵盒操纵测头在此平面连续采集两个点（注意测量顺序），按操纵盒确认键，得到"直线 1"测量命令。

（5）插入新建坐标系旋转到直线 1。

1）插入新建坐标系 A2，图 1-47 所示为坐标系 A2 的建立步骤。

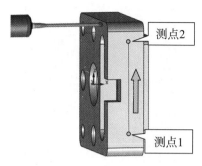

测点2

测点1

图 1-45　直线采点

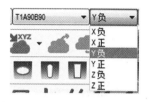

图 1-46　工作平面切换

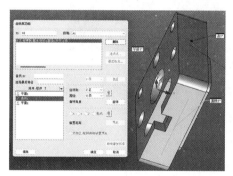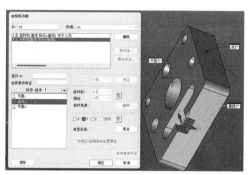

图 1-47　坐标系 **A2** 建立步骤

2）点选"直线 1"，将"围绕"选择为"*X* 负"（*X* 负方向为 A1 坐标系确立的找正方向），"旋转到"选择为"*Z* 正"（直线 1 矢量），单击"旋转"按钮，有"*Z* 正　旋转到　直线标识=直线 1"　关于 *X* 负命令显示在信息提示栏。

3）在该界面点选直线 1，勾选"*Y*"轴零点，单击"原点"按钮，有"*Y* 正　平移到　直线标识=直线 1"命令显示在信息提示栏。

（6）手动测量第三基准平面上的一点，操纵测量机测头在上表面测量 1 个测点，触测完毕后按操纵盒确认键完成测量命令创建，测量位置可参考图 1-48。

图 1-48　手动采点

（7）插入新建坐标系"*Z*"轴置零。

1）插入新建坐标系 A3 如图 1-49 所示，点选"点 1"，勾选"*Z*"前复选框，单击"原点"按钮，有"*Z* 正　平移到点　标识=点 1"命令显示在信息提示栏。

项目一　数控铣零件的手动测量

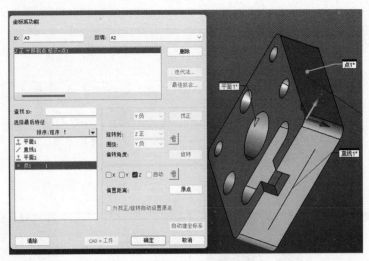

图 1-49　坐标系 A3 建立

2）如图 1-50 所示，即面—线—点建立的坐标系。将坐标系名称"A3"改为"MAN _ ALN"，作为后期程序执行或维护的标识，便于识别。

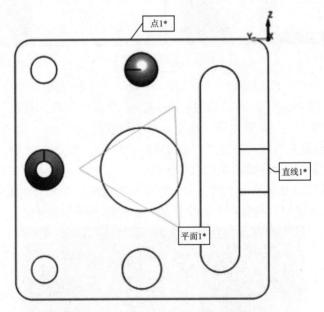

图 1-50　面—线—点建立的坐标系

注意：粗建坐标系的过程是手动测量的开始阶段，触测过程要尽量保持平稳慢速测量，当测头远离被测零件时，可适当提高移动速度。

（8）通过移动测量机操作确认坐标系建立是否准确。

1）坐标系零点位置的确认。通过移动测针到大致认为的坐标系零点位置，观察读数窗口三个轴的坐标是否接近零。

2）坐标系方向的确认。沿着坐标系某个轴向移动测量机，观察读数窗口中这个轴的读数变化，如果往正方向移动，那么这个轴的数字会变大。

知识拓展

建立零件坐标系方法分析：零件坐标系的建立方法虽然只能从现有的图纸资源来判断，但是原则上必须遵从产品的设计、加工及装配方式。

本书推荐从以下方面来确认如何建立零件坐标系，尤其是精基准的建立。

1. 图纸距离尺寸的引出线（本案例方法）

常规图纸中如果没有形位误差评价，可不标注基准，在这种情况下主要通过尺寸线的引出方向确定以哪种特征作为基准元素。

如图1-51所示，所有横向尺寸的指引线都是从左侧端面引出，表明该侧面为加工基准，用于接下来其他元素的加工。当然此端面作为第一基准还是第二基准，是需要其他因素综合判断的，同样也需要大家在今后的练习中不断积累经验。

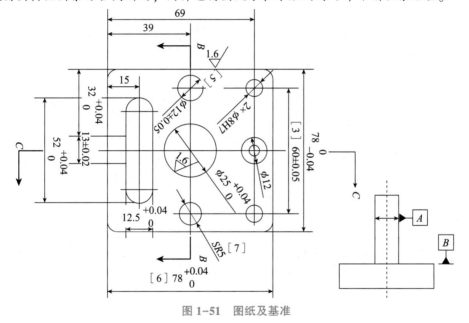

图1-51 图纸及基准

本案例的加工过程如下：

（1）铣大端面平面，先测量大端面并找正，对应3-2-1法中的3。

（2）铣该基准侧面，在这个侧面上测量一条直线来控制第二轴向，对应3-2-1法中的2。

（3）在上面测量一点，用于定义坐标系轴向的零点，对应3-2-1法中的1。项目三中还会对坐标系建立方法做进一步介绍。

2. 图纸基准的标注

如图1-51所示，图纸中标注有A、B基准（A基准对应圆柱特征；B基准对应平面特征）。按照常规基准标注编号规则，A基准为第一基准，优先控制第一轴向，因此需要用圆柱来找正轴向。

测量软件状态窗口的使用：PC-DMIS软件的状态窗口提供了非常多的测量信息，可以实时提醒操作者测量进程的每一步信息，推荐开启"状态窗口"显示。

（1）"状态窗口"可通过执行"视图"→"其他窗口"→"状态窗口"命令开启。

"状态窗口"默认显示在软件界面的右下角位置，初始界面如图1-52所示。

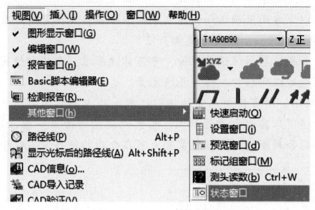

图1-52　"状态窗口"的调用

以平面测量为例说明"状态窗口"显示信息：如图1-53所示，测量平面特征时，"状态窗口"显示该平面的总测点数、矢量方向的坐标信息（本例平面矢量选择为"Z正"）、形状偏差（Err）及测点的分布。

形状偏差

AX	NOMINAL	MEAS	DEV
X	168.500	168.500	0.000
Y	45.660	45.660	0.002
Z	0.000	0.002	0.002

Err=0.001 8

图1-53　状态窗口

对平面来讲，形状偏差即平面度结果（Err＝0.001 8），测点颜色表明偏差程度，可根据图1-53所示的尺寸颜色示意图判断。

（2）"状态窗口"使用注意事项：

1）在执行过程中，"状态窗口"通常仅显示最后执行的特征和尺寸。

2）"状态窗口"可以在特征尺寸还未创建时提供预览效果。

3）当鼠标光标放在报告命令位置，"状态窗口"显示其预览结果。

3. 工作平面

（1）何时选用工作平面。工作平面是测量时的视图平面，类似图纸的三视图。

工作平面共有X正、X负、Y正、Y负、Z正、Z负6个。分布及对应轴向如图1-54所示。

当测量二维元素（如直线、圆等）时，要求在与当前工作平面垂直的矢量上采集测点，因此，需要将工作平面进行相应的调整。

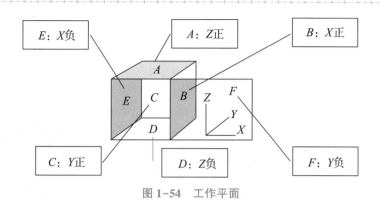

图 1-54　工作平面

对于三维元素（如圆柱、圆锥等）的测量，不需要调整工作平面。

（2）如何选用合适的工作平面。若当前工作平面是 Z 正（矢量 0，0，1），并在块状零件前端面上测量直线，则测量直线的测点必须位于此零件的垂直面上，如图 1-55 的箭头所示。如果用户想测量工件平面上的线特征，需要选择 Z 正工作平面（从 Z 工作平面正上方向下看），这时该直线可以测得正确的结果。另外，选择 Z 负、Y 正或 Y 负向工作平面都是可以的。

但如果工作平面选择 X 负或 X 正，则从该视角看过去，直线变成了点元素。

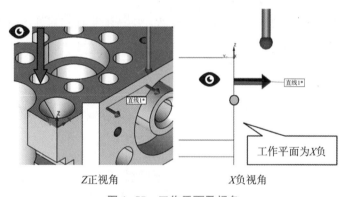

图 1-55　工作平面及视角

具体选用哪个工作平面，取决于直线的矢量方向。在项目三中对工作平面和投影平面的使用做进一步介绍。

（3）直线测量顺序对坐标系建立的影响。按照本例，"直线 1"从下向上测量，直线矢量指向 Z 正，因此将"围绕"选择为"X 负"（"X 负"方向为 A1 坐标系确立的找正方向），"旋转到"选择为"Z 正"（直线 1 矢量）；如果"直线 1"从上向下测量，"旋转到"选择为"Z 负"。

技能拓展

　　检查坐标系（结合读数窗口使用）：读数窗口向操作者展示了 CMM 当前测头位置读数及其他有用信息。

　　以图 1-56 为例，在测量中会经常用到。可通过快捷键 Ctrl+W 调出"测头读数"对话框，或通过执行"视图"→"其他窗口"→"测头读数"命令开启。当运行手动测量程序时，可以显示特征 ID、当前测头坐标、测点数信息。

图 1-56　测头度数

【手动测量】

　　手动测量特征：测量软件可以通过手动操作操纵盒使测针在零件表面触测采集得到触测点信息，自动计算、推测所测量的元素类型。

　　操作操纵盒测量要点：在手动测量期间，务必保证测针在即将触测阶段，将 SLOW 键按亮调整到慢速模式后再进行触测，避免速度过快导致测头体或测针损坏。

　　（1）测量特征 PLN1、PLN2。

　　1）切换测针为"测尖/T1A90B-90"。注意：确认测头远离零件，避免旋转时碰撞到零件，而且测针与被测平面无干涉，如图 1-57 所示。

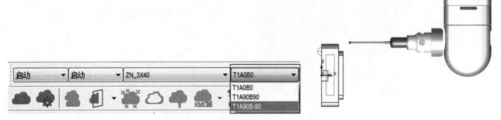

图 1-57　切换测针为 T1A90B-90

　　2）手动操纵测头触测 PLN1。使用操纵盒将测针靠近被测表面，按亮 SLOW 键，按照图 1-58 所示的位置触测 4 个测点，触测完毕后按操纵盒确认键，完成命令创建。

　　3）采用相同的方法完成 PLN2 测量。现测元素类型的纠正可采用替代推测，如图 1-59 所示。

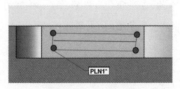

图 1-58　触测 PLN1　　　　　　图 1-59　替代推测

　　由于这两个平面测量区域是长方形，因此直接测量（软件推测可能的特征类型）很容易得到直线特征（如图 1-58 中的"PLN1"特征），可使用"替代推测"功能来实现元素类型的纠正。

替代推测操作步骤：鼠标光标移动至编辑窗口特征命令处；通过执行"编辑"→"替代推测"→"平面"命令来纠正（注意光标放在特征命令处）。

注意：PLN2 是位于下底面的特征，注意测量时避免干涉（图 1-60）。

（2）测量特征 CIR1。

1）沿用测针"测尖/T1A90B-90"。

2）将工作平面设置为 X 正。

3）在特征 CIR1 所在圆柱面的中间截面位置测量多个测点，本案例采用 8 个测点，测量位置最好均匀分布（测点位置参考图 1-61）。

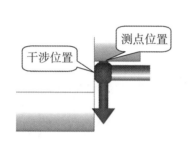

图 1-60　测点位置与干涉位置　　　　图 1-61　CIR1 的测量

4）触测完毕后按操纵盒确认键，完成命令创建。

（3）测量特征 CYL1、CYL2。

1）沿用测针"测尖/T1A90B-90"。

2）在特征 CYL1、CYL2 所在圆柱面靠近中间的位置测量多个测点，本案例采用 8 个测点，测量位置最好均匀分布，近似测量在两层截面上，即每层 4 个测点（测点位置参考图 1-62）。

3）触测完毕后按操纵盒确认键，完成命令创建。

（4）测量特征 PLN3、PLN4。根据此前的特征分布图来看，PLN3 与 PLN4 刚好是相对的两个平面（平面矢量相反），因此必须使用两个角度的测针分别完成测量，如图 1-63 所示。

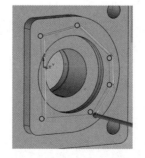

图 1-62　CYL1、CYL2 的测量　　　　图 1-63　PLN3、PLN4 的测量

PLN3 是此前测量的基准平面，这里不需要重复测量。

1）沿用测针"测尖/T1A90B-90"，在特征 PLN4 所在平面测量多个测点。本案例采用 6 个测点（测点位置参考图 1-63），测量位置最好均匀分布（避免所有测点集中在平面的局部），避免测量到平面边缘位置（边缘位置容易受到倒角和毛刺的影响）。

2）触测完毕后按操纵盒确认键，完成命令创建。

（5）测量特征 CYL3。切换测针为"测尖/T1A90B90"，参考 CYL1、CYL2 的测量方法测量 CYL3，本案例采用 8 个测点，测量位置最好均匀分布，近似测量在两层截面上，即每层 4 个测点（测点位置参考图 1-64）。

（6）测量特征 PLN5、PLN6。PLN5 与 PLN6 虽然也是相对的两个平面，但由于其平面区域狭长，可通过一个测针角度完成这两个特征的测量，无须做测针角度切换。这里仍然沿用上一个特征的测针角度："测尖/T1A90B90"，如图 1-65 所示。

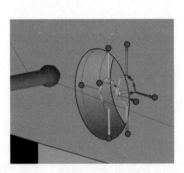

图 1-64　CYL3 的测量

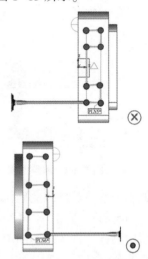

图 1-65　平面 PLN5、PLN6 的测量

（7）测量特征 SPHERE1。使用"测尖/T1A90B90"完成内半球的测量，推荐使用 3 层 9 个测点（测点位置参考图 1-66）。

（8）测量特征 CONE1。使用"测尖/T1A90B90"完成内圆锥的测量。

使用操纵盒控制测量机在内圆锥上采集必要的测点。本例采用 8 个测点，分两层测量，如图 1-67 所示。

目前软件支持的手动测量元素见表 1-2。

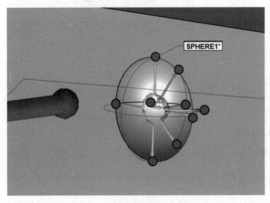

图 1-66　SPHERE1 的测量

图 1-67　CONE1 的测量

表 1-2 手动测量元素

元素类型	说明	工作平面	测点数要求
测量点	使用点图标可以测量与参考平面对齐的平面上的点或空间点的位置	不需要	1 个
测量直线	使用直线图标可以测量与参考平面对齐的平面上的直线或空间直线的方位和线性。当测量直线时,PC-DMIS 要求测量点的法矢垂直于当前的工作平面	需要	至少 2 个
测量平面	要创建测定平面,必须至少在任意 1 个平面上采集 3 个测点。如果仅使用 3 个测点,最好以 1 个较大的三角形的方式选择测点,以便覆盖曲面上尽可能大的区域	不需要	至少 3 个
测量圆	要创建测定孔或键,必须至少采集 3 个测点。系统会在测量时自动识别和设置平面。要采集的点必须均匀分布在圆周上	需要	至少 3 个
测量圆槽	要创建圆槽,必须在槽上至少采集 6 个测点,通常在竖直两侧每侧采集 2 个测点,在圆弧上各采集 1 个测点。同理,可以在每条圆弧上采集 3 个测点	需要	至少 6 个
测量方槽	要创建方槽,必须至少在方槽上采集 5 个测点,2 个点在槽的长边上,其他每个点分布在剩下的 3 条边上。这些采集点必须沿着顺时针(CW)或逆时针(CCW)方向	需要	至少 5 个
测量圆柱	要创建圆柱体,必须至少在柱体上采集 6 个测点。这些点必须一律在表面采集。采集的前 3 个测点必须在与主轴垂直的平面上	不需要	至少 6 个 八点圆柱示例
测量圆锥	要创建锥体,必须至少采集 6 个测点。要采集的点必须均匀分布在曲面上。采集的前 3 个点必须在与主轴垂直的平面上	不需要	至少 6 个 八点圆椎示例

续表

元素类型	说明	工作平面	测点数要求
测量球 	要创建球体，必须至少采集 4 个测点。这些点必须一律在表面上采集。首先 4 个点不能取在相同的圆周上。其中 1 个点应该在球体的极点，另外 3 个点取在同一圆周上	不需要	至少 4 个 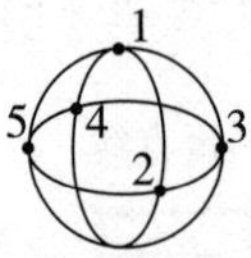
测量圆环	创建一个测量圆环，必须至少采集 7 个测点。在环中心线圆周的同一水平面上采集前 3 个测点。这些测点必须代表环的方向，以使通过这 3 个测点生成的假想圆的矢量与环大致相同	不需要	至少 7 个 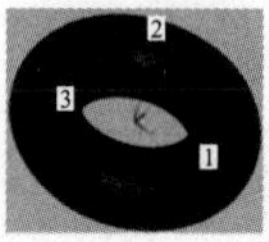

知识拓展

手动测量命令详解

图 1-68 所示为圆 1 特征的手动测量命令。

```
CIR1    =特征/圆，直角坐标,内,最小二乘方
        理论值/<25.66,0,0>,<-1,0,0>,40
        实际值/<25.66,0,0>,<-1,0,0>,40
        测定/圆,8,X负
        触测/基本,常规,<25.8,19.998,-0.284>,<0,-0.999899,0.0142148>,<25.8,19.998,-0.284>,使用理论值=是
        移动/圆弧
        触测/基本,常规,<25.422,15.078,-13.14>,<0,-0.7538949,0.6569951>,<25.422,15.078,-13.14>,使用理论值=是
        移动/圆弧
        触测/基本,常规,<25.636,0.306,-19.998>,<0,-0.0153233,0.9998826>,<25.636,0.306,-19.998>,使用理论值=是
        移动/圆弧
        触测/基本,常规,<25.561,13.842,14.436>,<0,-0.6921218,-0.7217807>,<25.561,13.842,14.436>,使用理论值=是
        移动/圆弧
        触测/基本,常规,<25.854,3.019,19.771>,<0,-0.1509257,-0.9885451>,<25.854,3.019,19.771>,使用理论值=是
        移动/圆弧
        触测/基本,常规,<25.586,-14.193,14.091>,<0,0.7096373,-0.7045671>,<25.586,-14.193,14.091>,使用理论值=是
        移动/圆弧
        触测/基本,常规,<26.133,-19.975,1>,<0,0.9987503,-0.049979>,<26.133,-19.975,1>,使用理论值=是
        移动/圆弧
        触测/基本,常规,<25.29,-15.237,-12.955>,<0,0.7618597,0.647742>,<25.29,-15.237,-12.955>,使用理论值=是
        终止测量
```

图 1-68　圆 1 特征的手动测量命令

命令解读：

第一行：表明了特征类型、所用坐标系类型、内/外圆、拟合圆算法（默认使用最小二乘法）。

第二行：表明圆理论值（包括理论坐标及理论矢量值）。

第三行：表明圆实测值（包括实测坐标及实测矢量值）。

第四行：表明圆测量总点数及工作平面。

第五行：基本测点信息（首个测点），依次显示了测点的理论坐标、理论矢量、实测坐标。

第六行：移动圆弧命令，对于外圆柱测量非常有用。

技能拓展

1. 操纵盒锁定坐标轴向移动功能应用

在手动测量过程中，合理使用操纵盒上的功能键可以极大提高测量效率，保证测点的精准度。

2. SLOW 按键应用

在实际测量中，自动运行的速度一般为 100~200 mm/s，使用操纵盒手动测量时由于速度较快不好控制触测力度，因此此时推荐使用 SLOW（龟速）按键切换为慢速模式，进行手动元素的测量（图1-69）。

3. 操作模式按键应用

操作模式按键应用如图1-70所示。

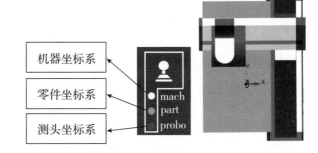

图1-69　龟速按键　　　　　图1-70　"移动控制"按键

（1）机器坐标系：使用操纵盒移动测头的方向与机器的轴向一致。

（2）零件坐标系：使用操纵盒移动测头的方向与零件坐标系的方向保持一致。

（3）测头坐标系：使用特殊角度的测针手动测量斜圆柱时，如果使用默认的机器坐标系模式测量，是很难操作的。这时可以将模式切换为测头坐标系，方便控制测针在圆柱各个方位进行触测（图1-71）。

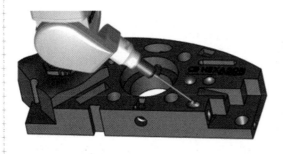
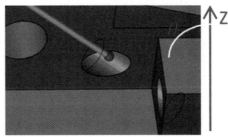

图1-71　测头模式的应用

小提示

　　在进行零件测量时，一定要严谨、细致，增强质量意识。产品品质的高低往往取决于人员的素质观念和态度，如果人员的品质观念和态度发生偏差，则产品体系再完善、质量控制方法再先进也无法解决根本问题。一个人的意识将直接影响着其行为和结果。因此，管理上要从"管人的行为"转向"管人的思想"，管理方式要从命令、控制、惩罚为主转向引导、激励为主。要搞好品质质量管理工作，关键在于提高人的质量意识。良好的意识将始终伴随着我们，时刻提醒我们对工作的严谨和责任，促使我们不断追求完美的目标。

五、项目结论

【尺寸评价】

1. PC-DMIS 尺寸评价概述

　　尺寸评价是三坐标测量技术最终的落脚点，尺寸评价功能用于评价尺寸误差和几何误差。尺寸误差包括位置、距离、夹角；几何误差又称为形位误差，包括形状误差和位置误差。

　　PC-DMIS 软件支持所有类型的尺寸、形状、位置误差评价。图 1-72 所示是尺寸评价快捷图标，可通过执行"视图"→"工具栏"→"尺寸"命令显示。

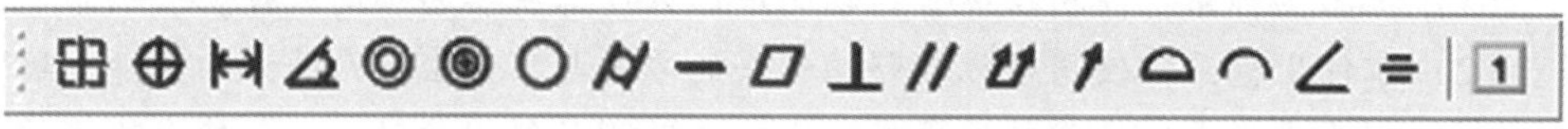

图 1-72　尺寸工具栏

2. 尺寸 D001 评价

尺寸 D001 评价信息见表 1-3。

表 1-3　尺寸 D001 评价信息

序号	尺寸	描述	标称值	正公差	负公差
1	D001	尺寸 2D 距离	60	0.02	-0.02

　　被评价特征为"PLN1"与"PLN2"。操作步骤如下：

　　（1）将工作平面调整为 X 负，通过执行"插入"→"尺寸"→"距离"命令（或单击"距离" ⊨ 图标）插入距离评价；在左侧特征列表处选择被评价元素"PLN1"与"PLN2"，输入标称值与公差，关系选择"按 Z 轴"，方向选择"平行于"，其他设置参考图 1-73。

　　（2）单击"创建"按钮后在编辑窗口生成评价命令，如图 1-74 所示。

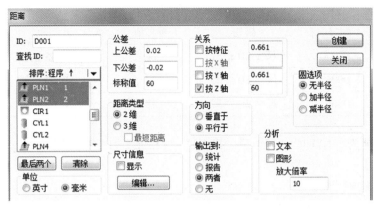

图 1-73　距离评价

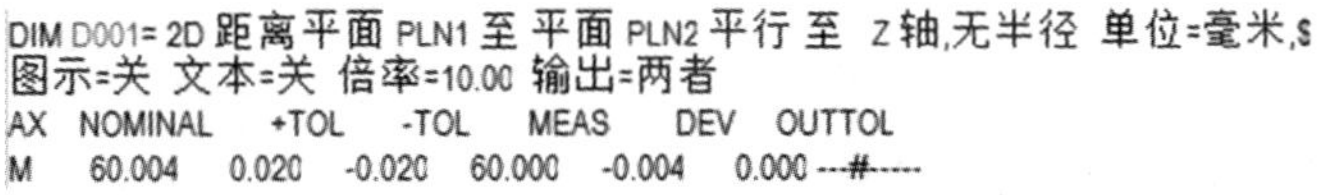

```
DIM D001= 2D 距离 平面 PLN1 至 平面 PLN2 平行 至 Z轴,无半径 单位=毫米,$
图示=关 文本=关 倍率=10.00 输出=两者
AX  NOMINAL   +TOL    -TOL    MEAS     DEV     OUTTOL
M    60.004   0.020  -0.020  60.000  -0.004   0.000 ---#-----
```

图 1-74　编辑窗口评价命令

3. 尺寸 DF002 评价

尺寸 DF002 评价信息见表 1-4。

表 1-4　尺寸 DF002 评价信息

序号	尺寸	描述	标称值	正公差	负公差
2	DF002	尺寸直径	40	0.04	0

被评价特征为"CIR1"。

（1）单击"位置尺寸"图标 ⊞，插入直径评价。

（2）在左侧特征列表处选择被评价元素"CIR1"（默认"自动"是勾选的，这里需要先取消勾选后重新选择"直径"）。

（3）输入图纸标称值及公差，单击"确定"按钮创建评价命令（图 1-75）。

图 1-75　"CIR1"的尺寸评价

4. 尺寸 D003/D004/D006 评价

尺寸 D003/D004/D006 评价信息见表 1-5。

表 1-5　尺寸 D003/D004/D006 评价信息

序号	尺寸	描述	标称值	正公差	负公差
3	D003	尺寸 2D 距离	60	0.05	-0.05
4	D004	尺寸 2D 距离	28	0.02	-0.02
6	D006	尺寸 2D 距离	78	0.04	0

被评价特征为 "CYL1" "CYL2" "PLN3" "PLN4" "PLN5" "PLN6"；评价方法参考尺寸 D001。

5. 尺寸 DF005 评价

尺寸 DF005 评价信息见表 1-6。

表 1-6　尺寸 DF005 评价信息

序号	尺寸	描述	标称值	正公差	负公差
5	DF005	尺寸直径	12	0.05	-0.05

被评价特征为 "CYL3"；评价方法参考尺寸 DF002。

6. 尺寸 SR007 评价

尺寸 SR007 评价信息见表 1-7。

表 1-7　尺寸 SR007 评价信息

序号	尺寸	描述	标称值	正公差	负公差
7	SR007	尺寸球半径	5	0.05	-0.05

被评价特征为 "SPHERE1"；评价方法参考尺寸 DF002，唯一不同的是勾选输出 "半径" 值（图 1-76）。

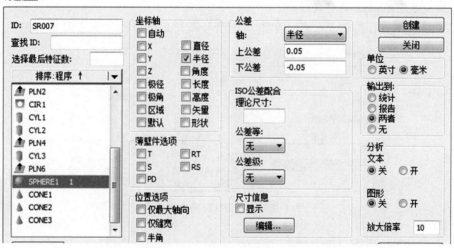

图 1-76　"SPHERE1" 的尺寸评价

7. 尺寸 A008 评价

尺寸 A008 评价信息见表 1-8。

表 1-8　尺寸 A008 评价信息

序号	尺寸	描述	标称值	正公差	负公差
8	A008	尺寸锥角	60°	0.05°	-0.05°

被评价特征为"CONE1";评价方法参考尺寸 DF002,唯一不同的是勾选输出"角度(对于圆锥特指锥角)"(图 1-77)。

图 1-77　"CONE1"的尺寸评价

知识拓展

1. 距离评价概述

(1) 距离尺寸用于"几何特征与基准"或"几何特征与几何元素"之间的评价,按照图纸要求的方向得到 2D/3D 距离,如图 1-78 所示。

图 1-78　点—点(质心—质心)

(2) 尺寸-距离:选择特征 1、特征 2,选择 2D/3D 模式(2D 是先投影,再求距离,3D 是直接计算空间距离),创建评价,得到质心连线的长度,一般不用于线和面,如图 1-79 所示。

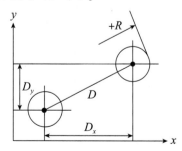
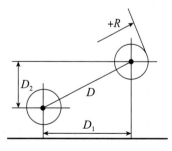

图 1-79　点—点(圆—圆,2D,有方向)

D：尺寸–距离，2D，选择圆1、圆2。

D_x：尺寸–距离，2D，选择圆1、圆2，按 X 轴，平行于，完成创建。

D_y：尺寸–距离，2D，选择圆1、圆2，按 Y 轴，平行于，完成创建。

D_1：尺寸–距离，2D，选择圆1、圆2、直线1，按特征，平行于，完成创建。

D_2：尺寸–距离，2D，选择圆1、圆2、直线1，按特征，垂直于，完成创建。

当所求距离需要加上或减去半径时，选择"加半径"或"减半径"选项，如图1–80所示。

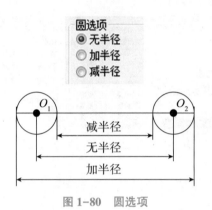

图1–80　圆选项

2. 如何输出锥半角

（1）评价位置菜单不仅可以输出锥角尺寸，也可以输出半角尺寸。

如图1–81所示，当勾选"位置选项"中的"半角"复选框后，原"角度"选项则变为"A/2"，此时输出的结果就是半角尺寸。

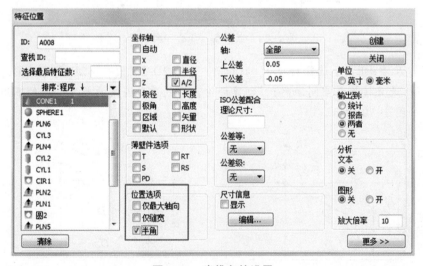

图1–81　半锥角的设置

（2）通过形状误差评价确认测量过程是否存在干涉或误触发。在零件的测量环节，由可能出现的测针（杆）干涉或工件表面质量问题（如毛刺、铝削等）导致的测量结果失真，在自动化测量中是不容易辨识的，手动测量尤其容易出现测针打滑的问题。可以通过评价该特征的形状误差来快速判断是否出现误触发。

如图1-82所示，当勾选"坐标轴"中的"形状"复选框后，会在编辑窗口出现该特征的形状评价结果。

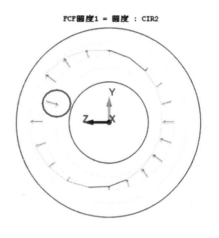

图1-82 "形状"复选项

上面得到的形状误差（圆度）结果为0.21 mm，但是结合加工中心的加工能力，不应该得到这么差的结果。

通过图形分析，可以发现只有标记处的测点是有突跳的，这时可以结合零件表面状态及测量状态灵活判断问题原因。

【报告输出】

操作步骤如下：

（1）通过执行"文件"→"打印"→"报告窗口打印设置"命令进入报告输出配置页面。

（2）在"输出配置"对话框打开"报告"栏（默认）。

（3）勾选"报告输出"复选框。

（4）方式选择"自动"，输出格式为"可移植文档格式（PDF）"，如图1-83所示。

（5）按Ctrl+Tab组合键切换至报告窗口，单击"打印报告"按钮，在指定路径"D：\ PC-DMIS \ MISSION2"下生成测量报告。

注：该软件支持生成报告后同步在打印机上联机打印报告，只需要勾选"打印机"前的复选框，这时后面的"副本"选项激活，用于控制打印份数。

图 1-83　"输出配置"对话框

🔁 知 识 拓 展

报告输出方式详解：

（1）附加（Append）。PC-DMIS 将当前的报告数据添加至选定的文件。

注意：操作者必须指定完整路径，否则 PC-DMIS 将报告存放在与测量程序相同的目录中。此外，若不存在该文件，生成报告时将创建该文件。

（2）提示（Prompt）。程序执行完毕后，显示"另存为"对话框，通过此对话框可选择将报告保存的具体路径。

（3）替代（Overwrite）。PC-DMIS 将以当前的检查报告数据覆盖所选文件。

（4）自动（Auto）。PC-DMIS 使用索引框中的数值自动生成报告文件名。所生成文件名的名称与测量例程的名称相同，但会附加数字索引和扩展名。此外，生成的文件与测量例程位于同一目录。若存在与生成的文件名同名的文件，自动选项将递增索引值，直至找到唯一文件名。

小提示

作为质检人员，检测报告具有一定的法律效力，是绝对不容许擅自更改的，要严格遵守职业道德。

六、项目评价

项目一结束后，按三坐标测量机关机步骤关机，并将工件、量检具、设备归位，清理、整顿、清扫。

本课程基于成果导向进行设计，通过学习，学生可获得的课程预期学习成果见表 1-9。

表1-9　课程预期学习成果表

序号	课程预期学习成果	支撑的毕业要求	权重
1	使用检测相关术语描述现代测量仪器的工作原理	专业能力	25%
2	应用现代测量设备对给定的典型零件进行测量精度检查、检测方案制订等		
3	基本上无差错地做出检测零件的检测数据、分析及检测报告		
4	应用创新思维，对检测方案进行优化	创新能力	15%
5	执行6S标准，按照操作规程正确、规范、安全地操作设备	职业素养	20%
6	在任务实施过程中，具有制订计划、组织成员顺利完成任务的能力	团队协作	20%
7	养成主动的、探索的、自我更新的、学以致用的良好习惯	持续发展能力	20%

基于上述学习成果，项目一完成后要求提交以下成果：组内分工表（附表1-1）、检测工艺表（附表1-2）、检测报告（每组提交一份）、组内评价表（附表1-3）、项目一综合评价表（附表1-4），以及学习总结，具体表格见附件一。

七、习题自测

（一）单项选择题

1. 在制造工艺稳定性经过验收后的产线上，有一个2 mm的内孔，深度为30 mm，当前测头所支持的测针工作参数最大承重为30 g，允许使用的测针最大长度为50 m，请根据下方描述选择最佳测针测量该尺寸（其中选项中的数字依次对应A、B、C、D、E参数的数值，长度单位为mm，质量单位为g）（　　　）。

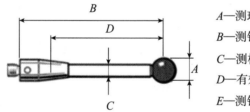

A—测球直径；
B—测针总长度；
C—测杆直径；
D—有效工作长度；
E—测针总质量（g）

A. 2.5，40，2，35，30　　　　　B. 2，30，1.5，25，30

C. 1.5，40，1，35，35　　　　　D. 1.5，30，1，28，20

2. 使用三坐标测量机测量零件，在测量过程中零件发生移动，以下说法不正确的是（　　　）。

A. 对测量和测量结果无影响

B. 不需要重新测量，可以使用拟合坐标系

C. 可选择重新测量

D. 如果零件需要分段测量，也可以使用上述方法

3. 三坐标测量机主要应用领域为（　　　）。

　　A. 汽车工业　　　　　　　　　　　　B. 模具工业

　　C. 航空、航天领域　　　　　　　　　D. 以上都是

4. 三坐标测量室要求的最佳温度是（　　　）℃。

　　A. 16~20　　　　B. 16~22　　　　C. 18~22　　　　D. 18~24

5. 三坐标精密测量室要求的环境是（　　　）。

　　A. 温度为 25 ℃±2 ℃，湿度为 40%~60%

　　B. 温度为 25 ℃±2 ℃，湿度为 20%~80%

　　C. 温度为 20 ℃±2 ℃，湿度为 40%~60%

　　D. 温度为 20 ℃，湿度为 50%

6. 当标准球的位置移动之后，下列方法中对新添加的测头角度进行校验的是
　　（　　　）。

　　A. 将所有的添加角度全部重新校验

　　B. 只需要将新添加的测头角度校验即可

　　C. 将之前第一个校验的测头角度（无论第一个角度是什么）连同新添加的角度进
　　　　行校验

　　D. 将 A0B0 连同新添加的角度在标准球移动后进行校验

7. 有关测头校验过程，下列说法错误的是（　　　）。

　　A. 能够校验红宝石测球直径

　　B. 校验时在 T1A0B0 角度之前，测量机先采集 5 个测点

　　C. 检验所有添加的角度值，使所有添加角度测量的坐标值都统一到 T1A0B0 角
　　　　度下

　　D. 校验时逼近/回退矢量方向指向标准球球心

8. 测头校核目的不正确的是（　　　）。

　　A. 获得每个角度测针的关联关系　　　B. 获得测针的有效直径

　　C. 获得测针的圆度标准偏差　　　　　D. 获得各个角度与参考测针的关联关系

9. 工件坐标系建立的依据是（　　　）。

　　A. 图纸上的设计基准　　　　　　　　B. 工件上的特殊位置

　　C. 床上的机械坐标系　　　　　　　　D. 工件上的特征手动测量结果

10. 关于测头添加角度的描述，下列说法正确的是（　　　）。

　　A. 就是测头定义　　　　　　　　　　B. 测头的角度分度值为 3°

　　C. B 角顺时针旋转为正　　　　　　　D. B 角顺时针旋转为负

11. 测针 Tip3BY40 mm 的含义是（　　　）。

　　A. 测针直径 2 mm，长度 40 mm　　　B. 测针直径 3 mm，长度 40 mm

　　C. 测针直径 3 mm，长度 30 mm　　　D. 测针直径 4 mm，长度 30 mm

12. 以下关于 3-2-1 法基本原理描述正确的是（　　　）。

　　A. 就是确定坐标系的原点　　　　　　B. 确定零件在机械坐标系下的 6 个自由度

　　C. 包括找正与旋转两个步骤　　　　　D. 建立一个完整的坐标系至少要有 5 个测点

13. 以下不是测头校核必须实施的步骤之一的是（　　）。

    A. 加载、配置测头　　　　　　　　B. 参数设置

    C. 添加角度　　　　　　　　　　　D. 手动触测标准球最高点

14. 三坐标测量过程中测头的触测方向必须与（　　）。

    A. 被测面的矢量方向一致　　　　　B. 被测面的矢量方向相反

    C. 被测面的矢量方向平行　　　　　D. 被测面的矢量方向垂直

（二）多项选择题

1. 图纸与零件的分析内容有（　　）。

    A. 技术要求　　　B. 设计基准　　　　C. 加工基准　　　　D. 几何公差要求

2. 建立工件坐标系的方法有（　　）。

    A. 3-2-1 法　　　B. 最佳拟合法　　　C. 迭代法　　　　D. 最小二乘法

（三）判断题

1. 手动测量二维特征之前，一定要先选择正确的工作平面或投影平面，然后测量。

    （　　）

2. 使用 PC-DMIS 测量零件时，无论被测元素的类型和评价尺寸的类型如何，都必须要建立零件坐标系。（　　）

3. 在三坐标测量中，一般被测平面的矢量方向垂直于测头的触测回退方向。（　　）

4. 当自动测量内圆锥时，该特征矢量方向是由小圆指向大圆。（　　）

八、学习总结

通过本项目的学习，对现代检测技术有一定的了解，并了解了三坐标测量的基本流程。在后续项目中，将详细了解如何编写自动测量的检测程序。请对本项目进行学习总结，并阐述在科学技术高速发展的今天，作为新时代青年的感想。

_____

_____

附件一

附表 1-1　组内分工表

组名	项目组长	成员	任务分工
第（　）组	（　　　　） 教师指派或小组推选	组员1：	
		组员2：	
		组员3：	
		组员4：	
		组员5：	

说明：建立工作小组（4~5人），明确工作过程中每个阶段的分工职责。小组成员较多时，可根据具体情况由多人分担同一岗位的工作；小组成员较少时，可一人身兼多职。小组成员在完成任务的过程中要团结协作，可在不同任务中进行轮岗。

附表1-2　检测工艺表

公司/学校							
零件名		检验员			环境温度		
序列号		审核员			材料		
修订号		日期			单位		
检验设备		技术要求					
序号	装夹形式	测针型号		检测序号	测针角度		
1					A：		B：
2					A：		B：
3					A：		B：
4					A：		B：
5					A：		B：
6					A：		B：
7					A：		B：
8					A：		B：

附表1-3　组内评价表

被考核人			考核人	
项目考核	考核内容		参考分值	考核结果
素质目标	遵守纪律		5	
	6S 管理		10	
	团队合作		5	
知识目标	多角度测针的校验		10	
	操纵盒功能应用		10	
	坐标系的建立		10	
	距离评价		10	
能力目标	测针选择的能力		10	
	检测工艺制定的能力		10	
	尺寸检测的能力		20	
总分				

附表1-4　项目一综合评价表

1（工艺）	2（检测报告）	3（组内评价）	4（课程素养）	总成绩	组内排名

项目梳理

项目名称	项目节点	知识技能（任务）点	课程设计	学时
项目二　数控铣零件的自动测量	一、项目计划	布置检测任务	课前熟悉图纸，完成小组分工（附表2-1）	4
	二、项目分析	1. 分析检测对象	课中讲练结合	
		2. 分析基准		
	三、项目决策	1. 确定零件装夹		
		2. 确定测针及测角		
		3. 根据测角规划检测工艺	课后提交检测工艺表（附表2-2）	
	四、项目实施	1. 测针校验及工件找正	课前复习3-2-1法建立坐标系。课中讲练结合。课后进一步理解移动点的应用	2
		2. 面-面-面自动建立坐标系		2
		3. 自动测量		2
	五、项目结论	1. 尺寸评价	课程素养，检测过程要严谨细致，一丝不苟，培养强烈的质量意识	4
		2. 程序执行、报告输出	课中讲练结合。课程素养，质检员不能擅自更改检测结果，严守职业道德。课后提交检测报告单	
	六、项目评价	1. 保存程序、测量机关机及整理工具	课后提交组内评价表（附表2-3）、项目二综合评价表（附表2-4）	
		2. 组内评价及项目二综合评价		

项目二成果：项目完成后要求提交组内分工表（附表2-1）、检测工艺表（附表2-2）、检测报告（每组提交一份）、组内评价表（附表2-3）、项目二综合评价表（附表2-4），以及学习总结，见附件二。

一、项目计划

课前导学

　　教师给学生布置任务，学生通过查询互联网、查阅图书馆资料等途径收集相关信息，根据检测任务，熟悉图纸，了解被测要素及基准。

【布置检测任务】

　　现某质检部门接到生产部门的工件检测任务（工件检测尺寸见表 2-1，工件图纸如图 2-1 所示），检测数控铣零件加工是否合格，要求如下：

　　（1）按尺寸名称、实测值、公差值、超差值等方面，测量零件并生成检测报告，并以 PDF 文件输出。

　　（2）测量任务结束后，检测人员打印报告并签字确认。

表 2-1　工件检测尺寸

序号	尺寸	描述	标称值	上极限偏差	下极限偏差	测定值	偏差	超差
1	D001	尺寸 2D 距离	140	0	−0.03			
2	D002	尺寸 2D 距离	58	0.1	−0.1			
3	P003	FCF 位置度	0	0.2	0			
4	A004	尺寸 2D 角度	30°	1°	−1°			
5	D005	尺寸 2D 距离	91	0.1	−0.1			
6	PA006	FCF 平行度	0	0.02	0			
7	SR007	尺寸 3D 球半径	4	0.1	−0.1			
8	SY008	FCF 对称度	0	0.2	0			

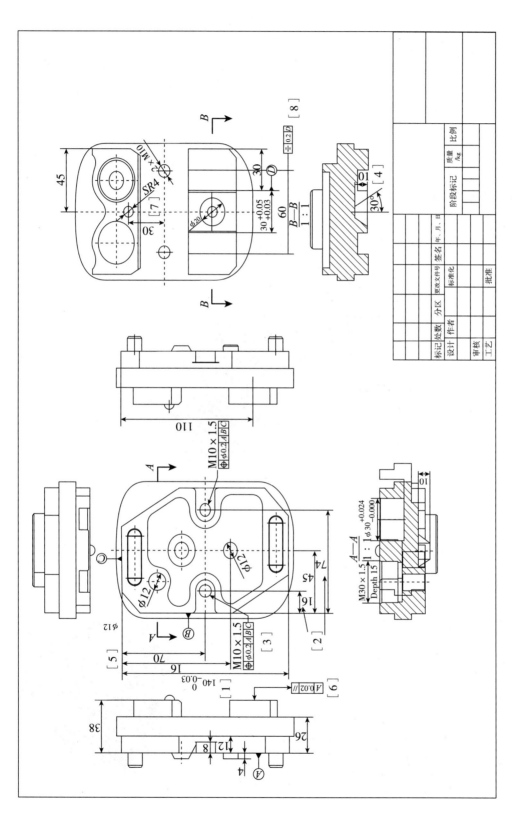

图 2-1 工件图纸

二、项目分析

【分析检测对象】

根据"项目计划"环节布置的检测任务，认真读图，理解零件结构，确定图中被测要素及公差。

【分析基准】

根据"项目计划"环节布置的检测任务，读图 2-2，理解零件结构，确定图中基准。分析基准尤为重要，以后会利用基准建立检测的坐标系。

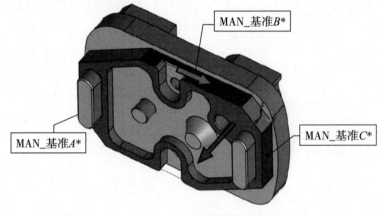

图 2-2　零件基准

三、项目决策

【确定零件装夹】

为了保证一次装夹完成所有要求尺寸的检测，本案例推荐将零件侧向装夹，零件相对测量机姿态参考图 2-3。

零件在装夹过程中，要考虑到零件的尺寸和测量机 X、Y、Z 轴的行程，以避免超行程现象。前后左右留足够的余量，Z 轴上方也留一定空间，对 $Z-$ 方向也要考虑工件不要装夹过于低，否则 Z 轴无法到达（图 2-4）。

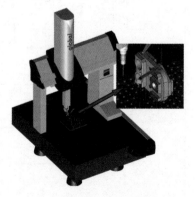

图 2-3　零件的侧向装夹

该区域测头无法到达

图 2-4　Z 轴负方向无法到达现象

【确定测针及测角】

根据装夹形式确定 A90B90 与 A90B-90 两个测针角度，用于测量两个侧面，如图 1-20 所示。测针类型可以选择 3BY20 mm 的球形测针。

（1）测针连接螺纹：本案例中使用 M2（部分使用 M3 或 M5）。

（2）测针总长度：测针连接端面至红宝石球心距离（B）。

（3）红宝石测球直径：需要根据零件被测特征尺寸合理选择，本案例中最小孔直径为 8 mm，选用常规 ϕ3 mm 测针即可。

【根据测角规划检测工艺】

基于上述步骤，可以在同一角度下检测完所有被测要素后，再更换另一角度，从而规划出检测顺序，制定出检测工艺，并填写附表 2-2 检测工艺表。

小组进行方案展示，其他小组对该方案提出意见和建议，完善方案。

本小组分析的检测方案的判断依据是零件装夹方式、检测顺序、测针型号、测针角度。

四、项目实施

【参数设置】

（1）打开软件后新建程序，输入零件名称（图 2-5）。

图 2-5　新建程序

（2）F5 参数设置。程序参数设定 F5，按键盘 F5 键打开"设置选项"对话框，勾选"显示绝对速度"，以具体数值而非百分比的方式显示速度，最高速度设置为 200 mm/s；"尺寸"栏中勾选"负公差显示负号"；"小数位数"选择"4"，表示数据保留小数点后 4 位，即 0.000 1 mm，如图 2-6 所示。

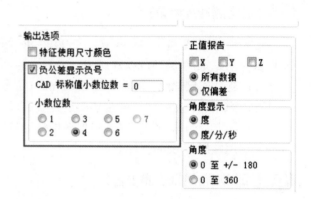

图 2-6　F5 参数设置

（3）F10 参数设置。运动参数设定 F10，按键盘 F10 键打开"参数设置"对话框；"逼近距离""回退距离"更改为 2 mm；"探测距离"更改为 5 mm；"移动速度"更改为 60 mm/s，如图 2-7 所示。

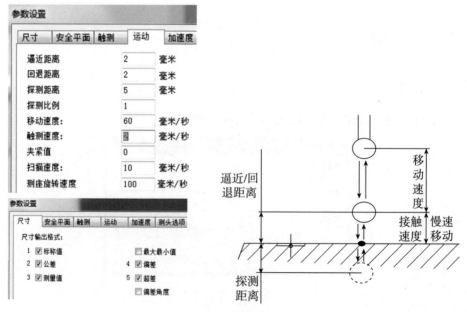

图 2-7　F10 参数设置

（4）F6参数设置。字体参数设置F6，按键盘F6键可以完成"应用程序字体（界面窗口字体）""图形字体（图形显示窗口字体）"和"编辑窗口字体"的修改，如图2-8所示。

注：按照习惯的字体设置使用即可（推荐使用默认字体），保存后不需要每次修改。

图2-8　F6参数设置

🔄 **知识拓展**

参数设置的重要性

参数设置决定了机器的运行参数、软件的显示精度、触测逼近回退距离等。在程序编制初始应该完成相关参数的设置。参数设置功能集中在F5、F6、F10中。

对于自动测量程序，需要对表2-2进行参数的定义。

表2-2　参数表

序号	参数	菜单	触发测头	扫描测头
1	测量机移动速度	F10	√	√
2	测量机触测速度	F10	√	√
3	逼近/回退距离	F10	√	√
4	测量机的扫描速度	F10		√
5	程序显示精度	F5	√	√
6	显示绝对速度	F5	√	√
7	负公差显示负号	F5	√	√
8	测头测力	F10		√
9	报告显示设置	F10	√	√

以上参数仅对于本测量程序有效，不影响其他测量程序。"√"表示需要设置。

🎯 **【测针校验】**

校验测针前，做以下检测工作：

（1）保证测头、测针各连接件必须安装紧固，不能有松动。

（2）注意标准球支座各连接不能有松动，底座必须紧固于测量机平台上。

（3）使用无纺布擦拭测针红宝石测球及标准球，保证表面清洁无污渍。

提示：按项目一介绍，配置测头文件。添加角度A90B90与A90B-90。按Ctrl键，首先选择参考测针A0B0，然后选择测针A90B90、A90B-90，对下列三个角度进行校准（图2-9）。

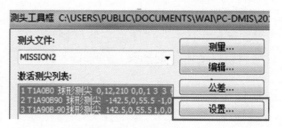

图 2-9　测头校验

【工件找正】

工件找正的操作步骤如下：

（1）在程序中调用测针"T1A0B0"，于上端面前后测两个测点，得到测点 1 和测点 2 的测量命令。测点位置可参考图 2-10。

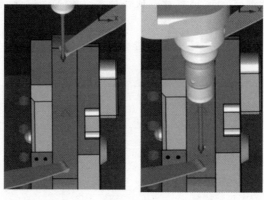

图 2-10　上端面测点找正 Z 方向

（2）比较两个测点的实测 Z 坐标，如果差值绝对值大于 0.1 mm，则需要重新调整支撑柱高度并复测。

（3）在程序中调用测针"T1A90B90"，在左侧面前后端测两个点，得到测点 3 和测点 4 的测量命令。测点位置可参考图 2-11。

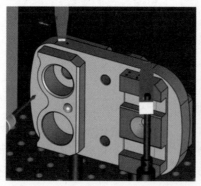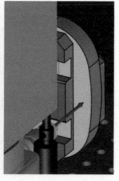

图 2-11　左侧面找正 X 方向

（4）比较两个测点的实测 X 坐标，如果差值绝对值大于 0.1 mm，则需要重新调整零件装夹姿态并复测，直至满足要求。

注意：程序中找正过后需要将调试部分的程序删除后再进行坐标系的建立。

【粗建零件坐标系】

一、课前复习 3-2-1 法建立坐标系

1. 空间直角坐标系自由度概念

在空间直角坐标系中，任意零件均有六个自由度，即分别沿 X、Y、Z 轴平移（x，y，z）和分别绕 X、Y、Z 轴旋转（u，v，w），如图 2-12 所示。

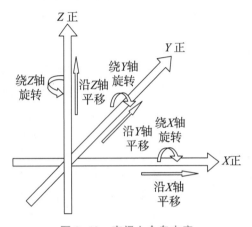

图 2-12　空间六个自由度

2. 3-2-1 法基本原理

（1）测量主找正平面后，取其法向矢量作为第一轴向，锁定 3 个自由度（RX、RY、TZ）。

（2）测取直线，通过矢量方向（起始点指向终止点）作为第二轴向，锁定 2 个自由度（RZ、TX/TY）。

（3）测取一点，确定最后一个轴向的零点，锁定最后一个自由度（TX/TY）。

3.3-2-1 法建立空间直角坐标系步骤

3-2-1 法建立空间直角坐标系分为三个步骤，如图 2-13、图 2-14 所示。

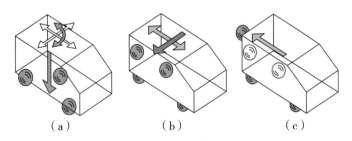

（a）　　　　　　　（b）　　　　　　　（c）

图 2-13　3-2-1 法建立坐标系步骤
（a）找正；（b）旋转；（c）原点

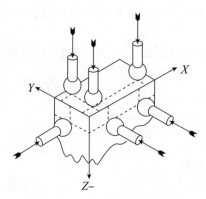

图 2-14   3-2-1 法建立坐标系

二、3-2-1 法建立坐标系

本案例中零件的基准为基准平面 A、B、C。在基准平面 A 上，采集 3 个点，测得平面 1；在基准平面 B 上采集 2 个点，测得直线 1；在基准平面 C 上采集 1 个点，测得点 1。利用平面 1、直线 1 和点 1 进行 3-2-1 法建立坐标系。

（1）平面 1 可以确定 $X+$ 方向，同时限制了 X 方向的平移、Y 轴的旋转、Z 轴的旋转。

（2）直线 1 按照采点顺序可以确定 $Y+$ 方向，同时限制了 Z 方向的平移、X 轴的旋转。

（3）点 1 可以限制 Y 方向的平移，整个坐标系被 6 个自由度所限制。

按照项目一所讲内容，用 3-2-1 法粗建坐标系，如图 2-15 所示。

注：测量模式必须为手动模式（默认模式）。

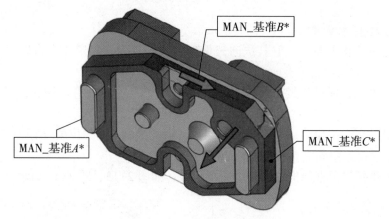

图 2-15   3-2-1 法粗建坐标系

【添加移动点】

添加移动点是自动测量中保证元素与元素可以在测量机运行过程中无缝衔接的最有效途径。

如图 2-16 所示，在"凹"形件表面测量 4 个点，为了相互衔接又添加了多个移动点，说明了最终机器的移动路径及各段路径测量机的移动速度。"添加移动点"按钮如图2-17所示。

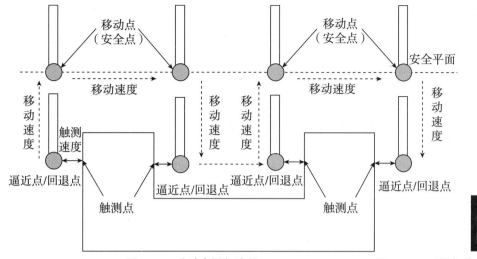

图 2-16　移动点添加路径　　　图 2-17　"添加移动点"按钮

无论是手动测量还是自动运行程序，都应遵循的运动方式是快速移动（移动速度）和慢速触测（触测速度）。当自动运行时，触测点和移动点由程序给定，逼近/回退距离值也需要在软件中设定。

（1）移动速度——测量机移动快，一般环绕零件外表面移动，作为上一步测量和下一步测量的衔接。

（2）触测速度——贴近被测表面触发采点时应用的速度，一般较慢。

【精建零件坐标系】

本案例讲解面—面—面精建坐标系。

一、坐标系分析

该零件的基准为基准平面（A、B、C）。如图2-18所示，分别测出平面1、平面2、平面3，利用面—面—面建立坐标系。

（1）平面1可以确定X+方向，同时限制了X方向的平移、Y轴的旋转、Z轴的旋转。

（2）平面2可以确定Z+方向，同时限制了Z方向的平移、X方向的旋转。

（3）平面3可以确定Y+方向，限制了Y方向的平移，整个坐标系被6个自由度所限制。

二、自动精建坐标系步骤

（1）切换测量模式为自动模式（使用快捷键Alt+Z，或单击DCC ⇨ 图标切换）。

（2）在安全位置添加移动点。

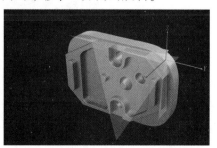

图 2-18　基准平面（A、B、C）

（3）遵循粗建坐标系建立顺序第 1、2 步：操纵操纵盒测量主找正平面（注意测点与测点间不要有零件或夹具阻挡），并插入新建坐标系 A4 并找 X 正，X 轴置零。如图 2-19 所示为合理测点方式及碰撞情况。

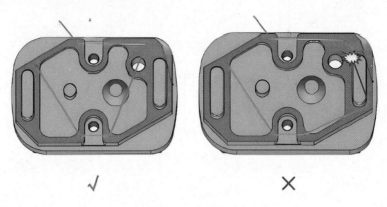

图 2-19　测点方式

（4）添加移动点过渡至基准平面 B 附近，如图 2-20、图 2-21 所示。

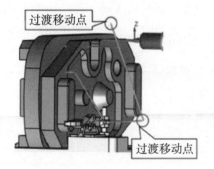

图 2-20　添加移动点

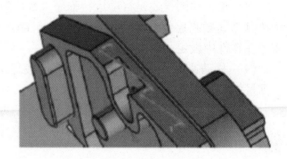

图 2-21　过渡至 B 面

（5）测量基准平面 B，插入新建坐标系 A5 并找正 Z 正，Z 轴置零。

（6）添加移动点过渡至基准平面 C 附近，如图 2-22、图 2-23 所示。

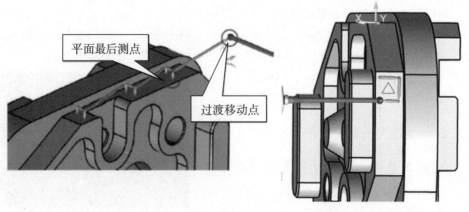

图 2-22　添加移动点　　　　　　　　　　图 2-23　过渡至 C 面

（7）测量基准平面 C，插入新建坐标系 A6（更名为 DCC_ ALN），并将 Y 轴置零。

（8）坐标系检查。按照项目一的方法检查零件坐标系零点位置及各个轴向是否正确。

> ### 🔄 知识拓展
>
> "面—线—点"与"面—面—面"建立坐标系方法对比：
>
> （1）"面—线—点"方法总测点数少，测量效率高，适合建立手动坐标系（粗建）。
>
> （2）"面—面—面"测点数多，可以反映基准面整体偏差情况（可以反映轮廓和位置偏差），适合建立自动坐标系（精建）。
>
> （3）两种方法在第二基准使用上有差异："面—线—点"方法使用直线在找正平面上的投影方向来旋转第二轴向；"面—面—面"方法使用平面的空间矢量来旋转第二轴向。
>
> 在实际检测中推荐使用"面—线—点"与"面—面—面"组合方式完成坐标系建立过程。

【自动测量】

（1）自动测量工具栏调用，通过执行"视图"→"工具栏"命令，【自动特征】显示（图 2-24）自动测量菜单。

矢量点　棱点　隅角点　直线　圆　圆槽　凹口槽　多边形　明暗区域　圆锥

曲面点　角点　高点　平面　椭圆　方槽　间隙面差　2D轮廓　圆柱　球

图 2-24　自动测量工具栏

（2）菜单调用（图 2-25）：执行"插入"→"特征"→"自动"命令。

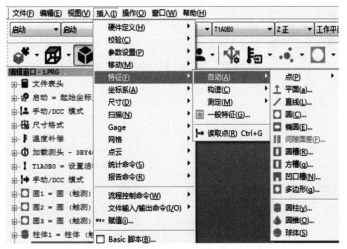

图 2-25　自动测量菜单

1）自动测量圆（图2-26）。

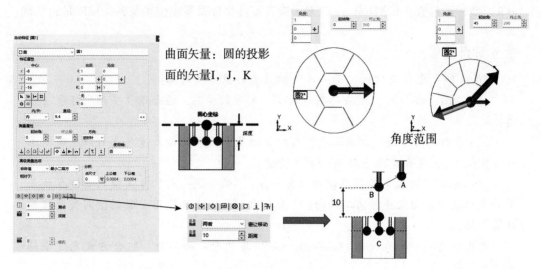

曲面矢量：圆的投影面的矢量I，J，K

角度范围

图2-26　自动测量圆

2）自动测量圆柱（图2-27、图2-28）。

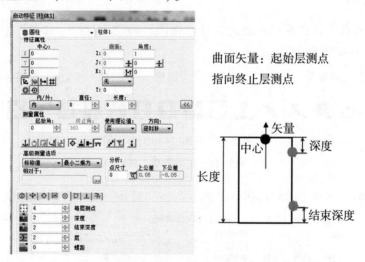

曲面矢量：起始层测点指向终止层测点

图2-27　自动测量圆柱参数设置

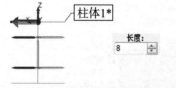

长度为+8，图形窗口中路径线在Z平面下方。
［圆柱中心（0,0,0），曲面矢量（0,0,1）］

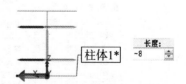

长度为-8，图形窗口中路径线在Z轴上方。
［圆柱中心（0,0,0），曲面矢量（0,0,1）］

图2-28　自动测量圆柱

3）自动测量圆锥（内圆锥）（图 2-29、图 2-30）。

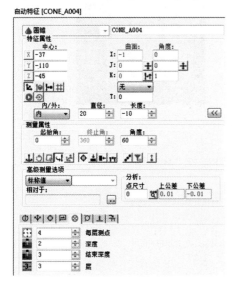

圆锥矢量方向的定义：
内、外圆锥的矢量方向定义遵循：从圆锥的小圆截面中心指向大圆截面中心。

注：蓝色箭头表示曲面矢量方向；
红色球表示元素中心；
黄色箭头表示测量的起始矢量方向。

图 2-29　自动测量圆锥参数设置　　　　　图 2-30　自动测量圆锥

4）自动测量球（外球）（图 2-31、图 2-32）。

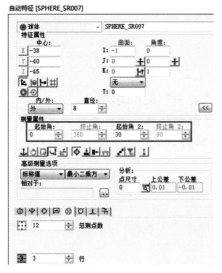 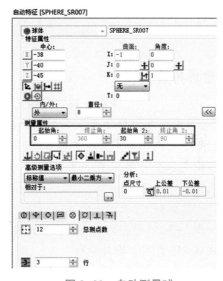

图 2-31　自动测量球参数设置　　　　　图 2-32　自动测量球

5）自动测量平面。自动测量 PLN_D001_1。

①更换测针为测尖/T1A90B-90。

②在 PLN_D001_1 上手动触测 4~6 个点后按操纵盒"Done"键生成测量命令。

③按照图纸尺寸修改平面的理论值及测点的理论值；以 PLN_D001_1 特征为例，其 Y 轴的理论值从图纸上得到，为-140 mm，理论矢量为（0，-1，0）。

④平面特征首尾都应加移动点，确保不会发生碰撞，而且尽量保证首尾移动点坐标一致（图 2-33）。

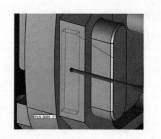

PLN_D001_1 自动测量命令

移动/点,常规<30.0000,-150.0000,-40.0000>

　　PLN_D001_1 = 特征/平面,直角坐标轮廓

　　　　理论值<-6.04,-140,-52.3643>,<0,-1,0>

　　　　实际值<-6.04,-140,-52.3643>,<0,-1,0>

　　　　测定/平面,4

　　　　触测基本,常规<-2.5663,-140,-34.6411>,<0,-1,0>,<-2.5663,-140,-34.6411>,使用

理论值=是

　　　　触测基本,常规<-9.1813,-140,-34.8647>,<0,-1,0>,<-9.1813,-140,-34.8647>,使用

理论值=是

　　　　触测基本,常规<-9.5864,-140,-70.0107>,<0,-1,0>,<-9.5864,-140,-70.0107>,使用

理论值=是

　　　　触测基本,常规<-2.8258,-140,-69.9407>,<0,-1,0>,<-2.8258,-140,-69.9407>,使用

理论值=是

　　　　终止测量/

移动/点,常规<30.0000,-150.0000,-40.0000>

图 2-33　移动点添加

🔄 知识拓展

球特征的"起始角""终止角"使用说明

　　"起始角"和"终止角"针对圆、圆柱、圆锥特征有效,而对于球特征,则由"起始角1""终止角1"和"起始角2""终止角2"共同控制测量范围。

　　假设要求在一个仅有一半区域是可以满足测量的外球上测量20个点,分为两层分布。

　　1. "起始角1""终止角1"

　　如图2-34所示,给定起始角1为45°,终止角1为270°,则从球矢量俯视,测量区域从45°至270°均匀分布。

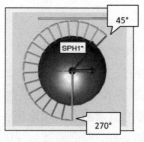

图 2-34　"起始角1""终止角1"

2. "起始角2""终止角2"

图2-35（a）表示：给定起始角2为30°，终止角2为90°，则从球顶端测1点，30°（纬度）位置均匀分布19点。

图2-35（b）表示：给定起始角2为30°，终止角2为70°，则从球顶端测5点，30°（纬度）位置均匀分布15点。

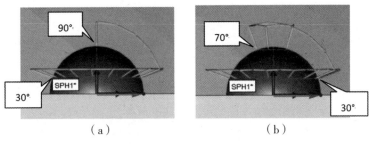

（a）　　　　　　　　　　（b）

图2-35　"起始角2""终止角2"

3. 工作平面和投影平面

工作平面是一个视图平面，类似图纸上的三视图，工作时从这个视图平面往外看。假定在Z+平面工作，那么工作平面就是Z+；若测量元素是在右侧面，那么就是在X+工作平面工作。测量时通常先是在一个工作平面上测量完成所有的几何特征以后，再切换另一个工作平面，然后测量这个工作平面上的几何特征。工作平面选取菜单如图2-36所示。

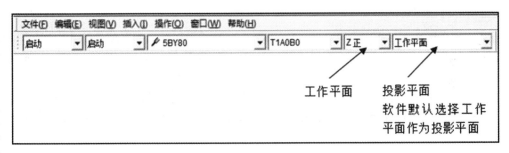

图2-36　工作平面和投影平面设置

4. 工作平面、坐标轴和角度方向之间的关系

PC-DMIS默认选择工作平面作为二维几何特征的投影平面，也可以从投影平面下拉列表中选择某个平面作为投影平面，但一般只用于一些特殊角度的投影，较少使用；并且部分软件功能需要参考方向时，工作平面的矢量方向将作为默认方向、如球的矢量方向、构造坐标轴的方向，安全平面的方向等（图2-37）。

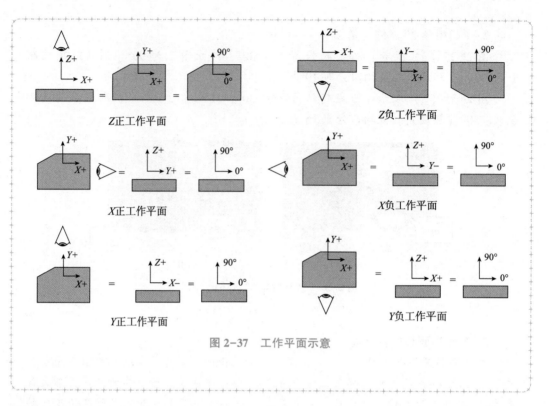

图 2-37　工作平面示意

【构造特征】

有些特征元素无法直接测量得到，需要使用构造功能，通过对已测量元素进行数据计算从而构造出相应特征。

（1）菜单模式调用构造特征：执行"插入"→"特征"→"构造"命令（图 2-38）。或者在快捷窗口空白处按鼠标右键，选中"构造特征"打开构造特征快捷窗口（图 2-39）。

（2）如图 2-40 所示为"构造特征"构造对称平面示意，"构造特征"表格见表 2-3。

（3）对称度基准 D 测量。根据图纸标注，基准 D 为两对称平面的中分面，如图 2-41 所示。

1）测量这两个对称平面。

2）插入构造平面（"插入"→"特征"→"构造"→"平面"），选用"中分面"功能。

3）选择用于构造中分面的两个平面，单击完成构造中分面命令创建。

（4）构造特征组。自动测量对称平面（PLN_SY008_1、PLN_SY008_2）并构造特征组。

1）根据对称度定义要求，需要在这两个平面的对称位置测量几组（本例采用 4组）点，最后将这些测点按照对应关系构造为特征组，如图 2-42 所示。

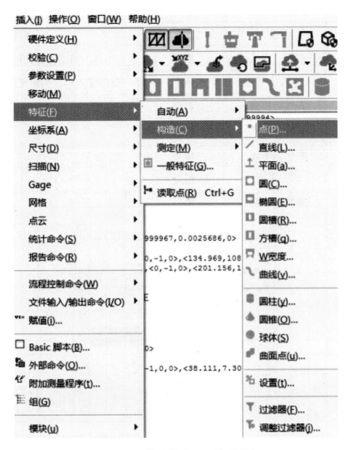

图 2-38　菜单模式调用构造特征

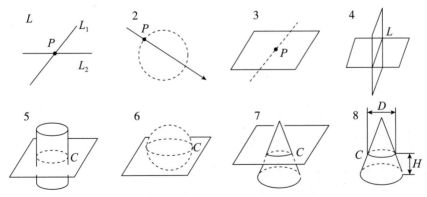

图 2-39　"构造特征"打开构造特征快捷窗口

图 2-40　"构造特征"构造对称平面示意

表 2-3　"构造特征"表格

序号	构造类型	元素	方法	备注
1	点	直线，直线	相交	当不相交时得到的是公垂线中点
2	点	直线，圆	刺穿	得到穿入点，构造反向直线构造穿出点
3	点	直线，平面	刺穿	
4	直线	平面，平面	相交	
5	圆	圆柱，平面	相交	
6	圆	球，平面	相交	
7	圆	圆锥，平面	相交	
8	圆	圆锥	直径/高度	输入相应直径或高度数值

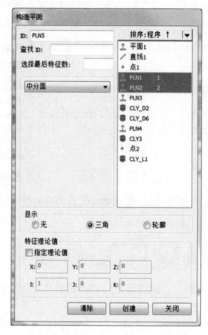

图 2-41　构造中分面

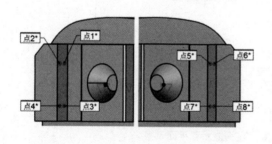

	坐标			
X,Y,Z/mm	−32	−120	−15	点1
X,Y,Z/mm	−36	−120	−15	点2
X,Y,Z/mm	−32	−98	−15	点3
X,Y,Z/mm	−36	−98	−15	点4
I,J,K	0	0	−1	
X,Y,Z/mm	−32	−120	−75	点5
X,Y,Z/mm	−36	−120	−75	点6
X,Y,Z/mm	−32	−98	−75	点7
X,Y,Z/mm	−36	−98	−75	点8
I,J,K	0	0	0	

图 2-42　采集点组

如图 2-43 所示，点 1 与点 5 位置对应，点 2 与点 6 位置对应（对应点的坐标值也需要有对应关系），以此类推。

图 2-43　构造特征组

2）执行"插入"→"特征"→"构造"→"特征组"命令，按照点的对应关系顺序依次选择，构造用于评价对称度的特征 PLN_SY008。

五、项目结论

【尺寸评价】

课前复习项目一尺寸评价的相关知识点。

上个任务节点，已经介绍了评价对称度需要的中分面和构造特征组，现在基于这两个构造特征评价对称度，如图 2-44 所示。

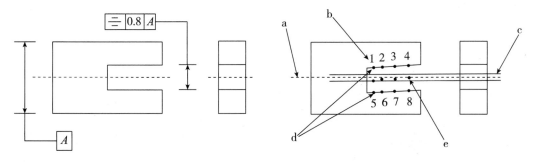

图 2-44　对称度评价方式

a—基准特征 A 的中心面；b—点测量顺序；c—0.8 宽度公差带；d—具有交替点的相对元素；e—衍生中间点

（1）对称度评价：尺寸 SY008 评价（表 2-4）。

表 2-4　对称度尺寸评价

尺寸	描述	标称值	上极限偏差	下极限偏差
SY008	FCF 对称度	0	0.2	0

1）单击"对称度"按钮插入对称度评价。

2）将中分面 PLN_D 定义为基准 D。

3）在"特征"栏选择被评价元素为"PLN_SY008"，在"基准"栏中选择"基准 D"，并输入公差。

4）单击"创建"按钮完成对称度评价命令的创建，如图 2-45 所示。

图 2-45　对称度评价

（2）距离评价（表 2-5、表 2-6）。

表 2-5　距离尺寸评价

尺寸	描述	标称值	上极限偏差	下极限偏差
D001	尺寸 2D 距离	140	0	−0.03

表 2-6　距离评价类型、关系、方向及圆选项

项目	距离类型	关系	方向	圆选项
D	2D	X	X	无半径
D_x	2D	按 X 轴	平行于	无半径

续表

项目	距离类型	关系	方向	圆选项
D_y	2D	按 Y 轴	平行于	无半径
D_1	2D	按特征（直线1）	平行于	无半径
D_2	2D	按特征（直线1）	垂直于	无半径

1）选择工作平面为 X 正。

2）在"距离"评价框左侧特征栏选择被评价特征为"DCC_基准 C"和"PLN_D001"。

3）按照图 2-46 设置选项，填入尺寸公差。

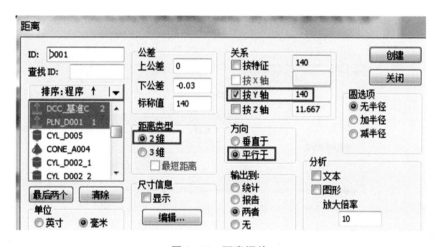

图 2-46　距离评价

注：如图 2-47 所示评价二维距离时，需要先修改工作平面，软件会先将特征的质心点投影到工作平面，在投影平面上评价质心点的距离；评价三维距离时，无须修改工作平面，直接计算空间距离。

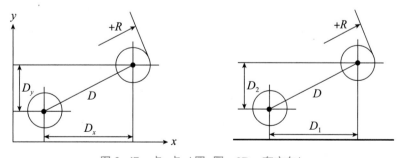

图 2-47　点-点（圆-圆，2D，有方向）

（3）位置度评价。

1）评价表 2-7 中的位置尺寸。单击"位置度"按钮插入位置度评价。

2）在位置度评价菜单中定义基准 A、B、C（图 2-48），并按要求选择相应基准（图 2-49），已经定义过的基准不必重复定义。

表 2-7　位置尺寸评价

尺寸	描述	标称值	上极限偏差	下极限偏差
P003	FCF 位置度	0	0.2	0

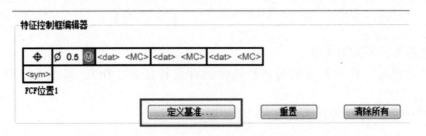

图 2-48　定义基准

图 2-49　选择基准

3）在"特征列表"中选择被评价特征"CYL_D002_1"和"CYL_D002_2"，并按照图纸标注选择基准，输入公差。

4）单击"创建"按钮完成位置度评价命令的创建（图 2-50）。

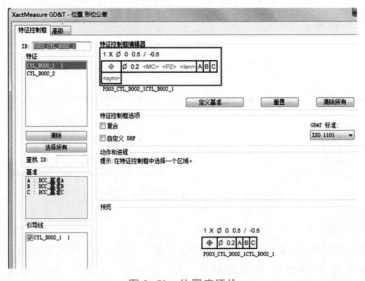

图 2-50　位置度评价

（4）平行度评价。

1）评价表 2-8 中的平行度尺寸。单击"平行度"按钮插入平行度评价。

表 2-8　平行度尺寸评价

尺寸	描述	标称值	上极限偏差	下极限偏差
PA006	FCF 平行度	0	0.02	0

2）在"特征"选项栏中选择被评价元素为"FLN_PA006"，在"基准"栏中选择之前定义的基准 A，并输入公差值。

3）单击"创建"按钮完成平行度评价命令的创建，如图 2-51 所示。

图 2-51　平行度评价

知识拓展

一、平行度评价概述

距离尺寸用于"几何特征与基准"或"几何特征与几何元素"之间的评价，按照图纸要求的方向得到 2D/3D 距离（表 2-9）。

表 2-9　平行度评价说明

符号	误差项目	被评价特征	有或无基准	公差带
//	平行度	直线 圆柱 平面	有	两平行直线 (t)； 两平行平面 (t)； 圆柱面 (ϕt)

平行度评价必须选择参考基准，基准元素可以是平面，也可以是圆柱，或者是中分面等需要间接测量的元素。

注意：对于平行度、垂直度评价，基准特征的理论矢量非常重要，必须按照理论值输入，否则会影响公差带方向，导致误差引入。

二、位置度评价概述

位置度检测是经常要用到的一项功能。在进行位置度检测时，首先要很好地消化和理解图纸的要求，在理解的基础上选择合适的基准。所谓"位置度"，就是相对于这些基准。测量这些基准，可以将这些基准用于建立零件坐标系，也可以使用这些基准作为基准元素评价位置度。评价位置度的基准元素选择和建立坐标系的元素选择有相似之处，都要用平面或轴线作为 A 基准，用投影于第一个坐标平面的线作为 B 基准，用坐标系原点作为 C 基准。如果这些元素不存在，可以用构造功能生成这些元素。

如图 2-52 所示，可以想象位置度公差带就像打靶，靶心表示特征理论中心点，由于加工误差，实际圆心位置和理论圆心必然不重合，就用位置度公差带限制圆心的位置必须在某个公差圆范围内，公差数值则表明公差带范围的大小，如图 2-53 所示。

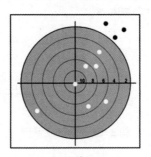

图 2-52　测量示意

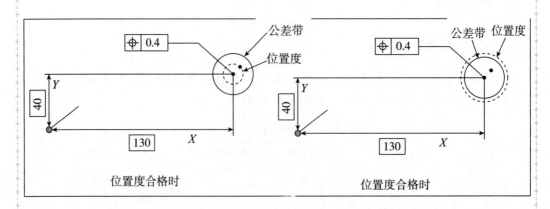

图 2-53　位置度超差判断示意

小提示

检测过程要严谨细致，一丝不苟，培养强烈的质量意识。

【程序执行】

在执行程序时要记住常用的快捷键：

（1）Ctrl+E——执行单个特征。

（2）Ctrl+U——从光标处执行到程序结尾。

（3）Ctrl+Q——从头执行到程序结尾。

在快捷工具栏中按鼠标右键，打开"编辑窗口"快捷菜单（图 2-54）。

图 2-54 "编辑窗口"快捷菜单

（4）F3——✔ 标记程序/取消标记； ——标记全部； ——取消标记。

PC 默认程序都是已标记过的（图 2-55），未标记的元素在运行程序时不会执行测量。

```
平面1      =FEAT/PLANE,CARTESIAN,TRIANGLE
           THEO/<129.232,65.111,0>,<0,0,1>
           ACTL/<129.232,65.111,0>,<0,0,1>
           MEAS/PLANE,3
             HIT/BASIC,NORMAL,<94.2651,93.5351,0>,<0,0,1>,<94.2651,93.5351,0>,USE THEO=YES
             HIT/BASIC,NORMAL,<157.1804,91.6626,0>,<0,0,1>,<157.1804,91.6626,0>,USE THEO=Y
             HIT/BASIC,NORMAL,<136.2505,10.1353,0>,<0,0,1>,<136.2505,10.1353,0>,USE THEO=Y
           ENDMEAS/
直线1      =FEAT/LINE,CARTESIAN,UNBOUNDED
           THEO/<50.6837,0,-6.4494>,<1,0,0>
           ACTL/<50.6837,0,-6.4494>,<1,0,0>
           MEAS/LINE,2,ZPLUS
             HIT/BASIC,NORMAL,<50.6837,0,-5.5547>,<0,-1,0>,<50.6837,0,-5.5547>,USE THEO=YE
             HIT/BASIC,NORMAL,<161.5796,0,-7.3441>,<0,-1,0>,<161.5796,0,-7.3441>,USE THEO=
           ENDMEAS/
点1        =FEAT/POINT,CARTESIAN
           THEO/<0,11.3573,-30.5264>,<-1,0,0>
           ACTL/<0,11.3573,-30.5264>,<-1,0,0>
           MEAS/POINT,1,WORKPLANE
             HIT/BASIC,NORMAL,<0,11.3573,-30.5264>,<-1,0,0>,<0,11.3573,-30.5264>,USE THEO=
           ENDMEAS/
```

图 2-55 程序的标记

【报告输出】

操作步骤如下：

（1）执行"文件"→"打印"→"报告窗口打印设置"命令，打开"输出配置"对话框（图 2-56）。

（2）在"输出配置"对话框切换为"报告"栏（默认）。

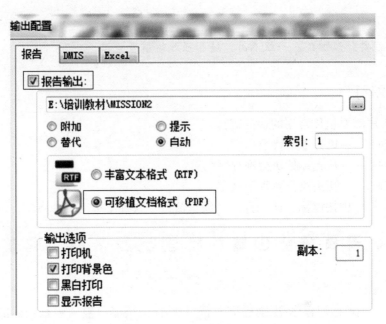

图 2-56　"输出配置"对话框

（3）勾选"报告输出"复选框。

（4）方式选择"自动"，输出格式选择"可移植文档格式（PDF）"。

（5）按 Ctrl+Tab 组合键切换至"报告"选项卡，勾选"打印报告"复选框，在指定路径"D：\ PC-DMIS \ MISSION2"下生成测量报告。

注：该软件支持生成报告后同步在打印机上联机打印报告，只需要勾选"打印机"复选框，这时后面的"副本"选项激活，用于控制打印份数。

🔄 知识拓展

测量程序版本选择：另存程序时注意程序的保存版本选择，如果编制的程序需要传递给需求方使用，一定要确认对方使用的是 PC-DMIS 版本。

例如，需求方使用 2015.1 版本的软件，而程序是在高于这个版本的软件上编写，则必须使用"另存为"，并且选择对应的保存版本（图 2-57）。

图 2-57　选择程序版本类型

六、项目评价

项目二结束后，按三坐标测量机关机步骤关机，并将工件、量检具、设备归位，清理、整顿、清扫。

项目二完成后要求提交以下学习成果：组内分工表（附表 2-1）、检测工艺表（附表 2-2）、检测报告（每组提交一份）、组内评价表（附表 2-3）、项目二综合评价表（附表 2-4），以及学习总结，具体表格见附件二。

七、习题自测

（一）单项选择题

1. 手动测量一个平面至少需要采集（　　）个测点。

　　A. 2　　　　　　　　B. 3　　　　　　　　C. 4　　　　　　　　D. 5

2. 测量手动特征需要注意事项描述不正确的是（　　）。

　　A. 尽量测量零件的最大范围，合理分布测点位置和测量适当的点数

　　B. 触测时应按下慢速键，控制好触测速度，测量各点时的速度要一致

　　C. 测量二维元素时，需确认选择了正确的工作平面

　　D. 手动测量跟自动测量结果差别不大，所以有的时候我们可以拿手动测量当判定结果

3. 图 2-58 所示的标准球的矢量方向，设置正确的是（　　）。

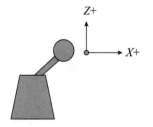

　　A. 0.707，0，0.707　　　　　　　　B. 0.707，0.707，0

　　C. 0，1，0　　　　　　　　　　　　D. 1，-1，0

图 2-58　单项选择题 3

4. 测针的使用原则不正确的是（　　）。

　　A. 测针连接点最少，为避免引入潜在变形和弯曲点，保证应用的前提下，尽量减少转接或加长杆的数目

　　B. 测针长度增大会影响精度，所以要选择尽可能短的测针

　　C. 为了减少测针的使用数量及方便测量，尽可能使用小直径的测针和比较长的加长杆

　　D. 大直径测针可以降低表面精度对测量的影响

5. 测量流程中有很多环节需要合理安排，不合理的操作顺序会导致测量结果错误，以下是一个工件完整测量过程中的步骤，最合理的测量排序是（　　）。

　　①校验测头角度；②分析图纸，明确检测任务；③建立坐标系；④测量指定尺寸评价的元素特征；⑤打印尺寸测量结果

　　A. ②①③④⑤　　　　　　　　　　B. ②③①④⑤

　　C. ①②③④⑤　　　　　　　　　　D. ②③⑤①④

6. 圆的测量，无论工件如何摆放，测量前应该选择一个工作面（计算平面），以下选项中最合理的工作面是（　　　）。

    A. XY 面　　　　　　　　　　　　　B. YZ 面

    C. XZ 面　　　　　　　　　　　　　D. 圆所在的面

7. 通过圆的测量，为保障体现圆的位置、直径和圆度计算需要，第一次测量圆时，应该最少测量（　　　）个点。

    A. 9　　　　　　　B. 7　　　　　　　C. 5　　　　　　　D. 4

8. 在三坐标检测过程中，一般情况下，唯一的坐标系是（　　　）。

    A. 工件坐标系　　　　　　　　　　　B. 工作坐标系

    C. 机械坐标系　　　　　　　　　　　D. 绝对坐标系

9. 工件坐标系建立的依据是（　　　）。

    A. 图纸上的设计基准　　　　　　　　B. 工件上的特殊位置

    C. 机床上的机械坐标系　　　　　　　D. 工件上的特征手动测量的结果

10. 测头校核中的运动参数设置中，校核效率最高，校核速度最快的是（　　　）。

    A. 手动　　　　　　　　　　　　　　B. 自动

    C. Man+DCC　　　　　　　　　　　　D. DCC+DCC

11. 以下关于 3-2-1 法基本原理描述正确的是（　　　）。

    A. 就是确定坐标系的原点　　　　　　B. 确定零件在机械坐标系下的 6 个自由度

    C. 包括找正与旋转两个步骤　　　　　D. 建立一个完整的坐标系至少要有 5 个点

12. 以下特征属于二维特征的是（　　　）。

    A. 圆锥　　　　　　　　　　　　　　B. 平面

    C. 球　　　　　　　　　　　　　　　D. 椭圆

13. 下列不属于几何构造的是（　　　）。

    A. 构造点　　　　　　　　　　　　　B. 构造几何

    C. 构造平面　　　　　　　　　　　　D. 构造圆柱

14. 坐标系 Z 轴正向上一点的矢量方向可以表达为（　　　）。

    A. (1, 0, 0)　　　　　　　　　　　　B. (0, 0, 1)

    C. (0, 1, 0)　　　　　　　　　　　　D. (0, 0, -1)

（二）多项选择题

1. 在以下情况需要测头校准的是（　　　）。

    A. 测量系统发生碰撞　　　　　　　　B. 更换测针

    C. 增加新角度　　　　　　　　　　　D. 更换标准球

2. 自动模式程序运行参数设置内容有（　　　）。

    A. 移动速度　　　　　　　　　　　　B. 触测速度

    C. 逼近距离　　　　　　　　　　　　D. 回退距离

3. 3-2-1 法建立工件坐标系的方式有（　　　）。

    A. 面、线、点　　　　　　　　　　　B. 面、面、面

    C. 面、圆、圆　　　　　　　　　　　D. 面、线、圆

（三）判断题

1. 校验测头多个角度的时候，其目的是建立各个角度测头与 A0B0 的有效关系。（　　）

2. 精建坐标系只能通过自动特征的测量来实现。（　　）

3. 在三坐标测量过程中，数据采集的准确性，手动测量是很难保证的，只有通过自动测量运行之后才能得到相对准确的测量数据。（　　）

4. 使用 3-2-1 法建立工件坐标系，只能使用面、线、点三种特征来实现。（　　）

八、学习总结

通过本项目的学习，了解了测量工件的两种模式，即手动测量和自动测量。本项目重点是要学会自动建立坐标系，以及自动编程中移动点的添加。请对本项目进行学习总结并阐述作为质检人员你应该具备什么样的品质。

_____

_____

_____

_____

_____

附件二

附表 2-1　组内分工表

组名	项目组长	成员	任务分工
第（　）组	（　　　） 教师指派或小组推选	组员1：	
		组员2：	
		组员3：	
		组员4：	
		组员5：	

说明：建立工作小组（4~5人），明确工作过程中每个阶段的分工职责。小组成员较多时，可根据具体情况由多人分担同一岗位的工作；小组成员较少时，可一人身兼多职。小组成员在完成任务的过程中要团结协作，可在不同任务中进行轮岗。

附表 2-2　检测工艺表

公司/学校					
零件名		检验员		环境温度	
序列号		审核员		材料	
修订号		日期		单位	
检验设备		技术要求			
序号	装夹形式	测针型号	检测序号	测针角度	
1				A:	B:
2				A:	B:
3				A:	B:
4				A:	B:
5				A:	B:
6				A:	B:
7				A:	B:
8				A:	B:

附表 2-3　组内评价表

被考核人			考核人	
项目考核		考核内容	参考分值	考核结果
素质目标考核		遵守纪律	5	
		6S 管理	10	
		团队合作	5	
知识目标		多角度测针的校验	10	
		操纵盒功能应用	10	
		坐标系的建立	10	
		距离评价	10	
能力目标		测针选择的能力	10	
		检测工艺制定的能力	10	
		尺寸检测的能力	20	
总分				

附表 2-4　项目二综合评价表

1（工艺）	2（检测报告）	3（组内评价）	4（课程素养）	总成绩	组内排名

项目三 数控车零件的自动测量

项目梳理

项目名称	项目节点	知识技能（任务）点	课程设计	学时
项目三 数控车零件的自动测量	一、项目计划	布置检测任务	课前熟悉图纸，完成组内分工（附表3-1）	4
	二、项目分析	1. 分析检测对象	课中讲练结合	
		2. 分析基准		
	三、项目决策	1. 确定零件装夹		
		2. 确定测针及测角		
		3. 根据测角规划检测工艺	课后提交检测工艺表（附表3-2）	
	四、项目实施	1. 星形测针校验及工件找正	课前复习3-2-1法建立坐标系。课中讲练结合。课后进一步理解移动点的应用	2
		2. 柱-面自动建立坐标系		2
		3. 自动测量		2
	五、项目结论	1. 尺寸评价	课程素养，检测过程要严谨细致、一丝不苟，培养强烈的质量意识	4
		2. 报告输出	课中讲练结合。课程素养，质检员不能擅自更改检测结果，严守职业道德。课后提交检测报告单	
	六、项目评价	1. 保存程序、测量机关机及整理工具	课后提交组内评价表（附表3-3）、项目三综合评价表（附表3-4）	
		2. 组内评价及项目三综合评价		

　　项目三成果：项目完成后要求提交组内分工表（附表3-1）、检测工艺表（附表3-2）、检测报告（每组提交一份）、组内评价表（附表3-3）、项目三综合评价表（附表3-4），以及学习总结，见附件三。

一、项目计划

课前导学

　　教师给学生布置任务，学生通过查询互联网、查阅图书馆资料等途径收集相关信息，根据检测任务，熟悉图纸，了解被测要素及基准。

【布置检测任务】

　　现某质检部门接到生产部门工件的检测任务（工件检测尺寸见表3-1，工件图纸如图3-1所示），检测数控车零件加工是否合格，要求如下：

　　（1）按尺寸名称、实测值、公差值、超差值等方面，测量零件并生成检测报告，并以PDF文件输出。

　　（2）测量任务结束后，检测人员打印报告并签字确认。

表3-1　工作检测尺寸

序号	尺寸	描述	标称值	上极限偏差	下极限偏差	测定值	偏差	超差
1	D001	尺寸2D距离	148	0.03	−0.03			
2	DF002	尺寸直径	35	0.05	−0.025			
3	DF003	尺寸直径	66	0	−0.021			
4	DF004	尺寸直径	76	0	−0.025			
5	D005	尺寸2D距离	8	0	−0.015			
6	DF006	尺寸直径	94	0	−0.022			
7	DF007	尺寸直径	72	0	−0.03			
8	DF008	尺寸直径	46	−0.021	−0.049			
9	CO009	FCF同轴度	0	0.025	0			
10	PA010	FCF平行度	0	0.025	0			

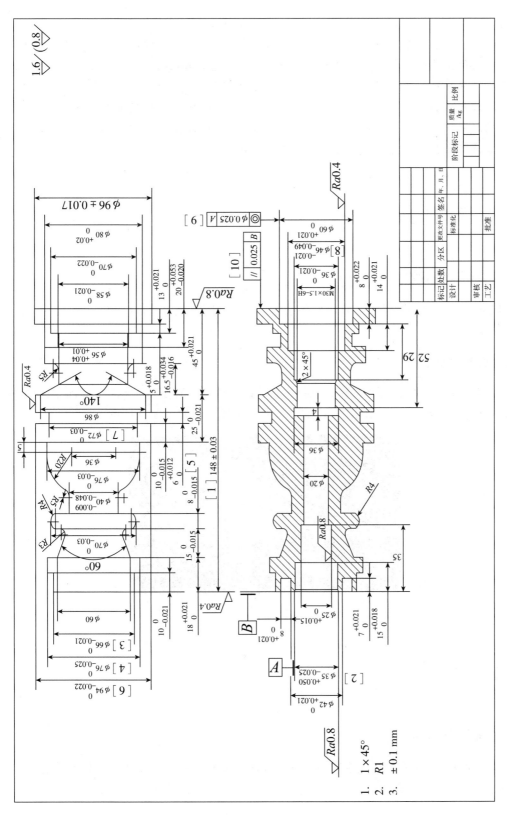

图 3-1　工件图纸

小提示

　　当前，大多数企业似乎已达成一个共识，认为加强检查是控制产品质量唯一有效的途径。实际上这个观念是不科学的。要知道，质量是干出来的，不是检查出来的。通过频繁检查来加强产品质量管理的确能起到一定的作用，但长此以往，难免会影响员工工作的积极性，甚至疲于应付检查。而树立全员质量控制意识、规范员工质量行为，应从员工的思想观念着手，将品质质量管理意识植入员工的思想观念中，再通过其自身的质量观念来控制其质量行为，进而达到提升产品质量的目的。

二、项目分析

【分析检测对象】

　　根据"项目计划"环节布置的检测任务，认真读图，理解零件结构，确定图中被测要素及公差。

【分析基准】

　　根据"项目计划"环节布置的检测任务，认真读图，理解零件结构，确定图中基准。分析基准尤为重要，之后会利用基准建立检测的坐标系，如图3-2所示。

图3-2　零件基准

三、项目决策

【确定零件装夹】

　　为了保证一次装夹完成所有要求尺寸的检测，本案例推荐将零件侧向装夹方案，零件相对测量机姿态参考图3-3、图3-4。

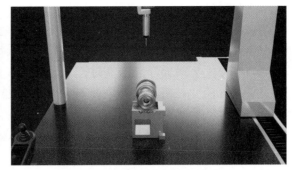

图 3-3　零件的装夹　　　　图 3-4　零件相对测量机姿态

　　回转类零件最常用的组合夹具是 V 形架（或 V 形块），本案例采用 V 形架装夹方案。为了保持 V 形块装夹的稳定性，本装夹方案采用两端支撑的方式。在放置好零件后调整水平，直至零件不可晃动，使用后方压爪夹紧工件。

🔄 知识拓展

V 形块介绍

　　V 形块也称为 V 形架，斜面夹角有 60°、90°、120°，其中以 90° 居多。其结构尺寸已经标准化，非标准 V 形块的设计可参考标准 V 形块进行，如图 3-5 所示。

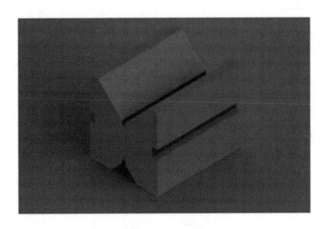

图 3-5　V 形块

　　V 形块适用于精密轴类零部件的检测、划线、定位及机械加工中的装夹，也是平台测量中的重要辅助工具，主要用来安放轴、套筒、圆盘等圆形工件。

　　在机械制造技术中，V 形块定位时，有以下突出优点：

　　（1）方便简单，成本低，是机械加工常用的附件，对于检测部门来说也是必备附件。

　　（2）一般与压板和螺栓结合起来使用，再辅以挡铁等夹具就可以很快地对零件进行定位和固定，对于回转体零件效果最好。

对于不同类型产品，有以下 V 形块结构形式可供选择（图 3-6）：

（1）图 3-6（a）：适用于精基准的短 V 形块，限制 2 个自由度。

（2）图 3-6（b）：适用于精基准的长 V 形块，限制 4 个自由度。

（3）图 3-6（c）：适用于粗基准的长 V 形块，也可用于相距较远的两阶梯轴外圆的精基准定位，限制 4 个自由度。

（4）图 3-6（d）：适用于大质量工件的定位，限制 4 个自由度。其上镶的淬硬垫块（或硬质合金）耐磨，且更换方便。

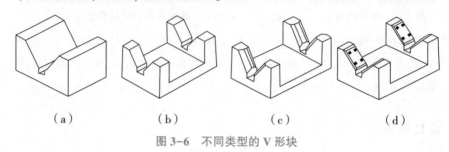

　　（a）　　　　　　（b）　　　　　　（c）　　　　　　（d）

图 3-6　不同类型的 V 形块

【确定测针及测角】

沿用项目二的测座，测针配置如图 3-7 所示。

```
HH-A-T5
接头:b angle
接头:a angle
连接:HA-TM-31
连接:TESASTAR-P
连接:EXTEN10MM
测尖号1:2BY20MMSTAR_TESA（指向Z-）
测尖号2:TIPSTAR2BY30_TESA（指向X+）
测尖号3:TIPSTAR2BY30_TESA（指向Y+）
测尖号4:TIPSTAR2BY30_TESA（指向X-）
测尖号5:TIPSTAR2BY30_TESA（指向Y-）
```

图 3-7　测针配置

注意：星形测针的 TIP2~TIP5 测针都是固定在一起的。

TIPSTAR2BY30 中的 30 为相对两个测杆间红宝石球心连线的距离，即 2 号针与 4 号针（或 3 号针与 5 号针）之间的距离。

测针安装过程如下：

（1）将图 3-8 测针连接螺纹从星形测针中心孔穿过。

（2）测针螺纹与测头连接，旋紧前保证星形测针水平方向与机器轴向大致平行，避免测量时测针干涉，如图 3-9、图 3-10 所示。

根据上文分析的零件摆放姿态，测针角度除 A0B0 外，还需要添加"A90B0""A-90B0"两个测针角度。测针列表中每增加一个角度，会自动在测针列表中添加 5 个新测针角度，如图 3-11 所示。

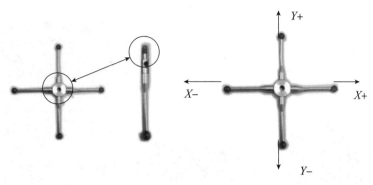

图3-8 测针安装   图3-9 测针方向

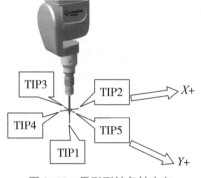

图3-10 星形测针各针方向

图3-11 角度添加

🔄 知识拓展

一、星形测针测量优势分析

星形测针配置方便，对于内部沟槽类元素的测量有其他类型测针无法比拟的优势。

案例一：外槽宽度的测量

对于零件外槽的测量，测针选择的自由度较大。可以选择星形测针测量，也可以选择竖直单测针测量（图3-12）。

案例二：内槽宽度及内圆柱直径的测量

对于零件内槽宽度及内圆柱直径的测量，星形测针是最佳的测量方案。当然盘形测针也可以满足要求，但要注意盘形测针的尺寸选型（图3-13）。

二、红宝石测球直径

红宝石测球直径选择需要根据零件被测特征尺寸合理选择，本案例中最小孔直径为 8 mm，选用常规 ϕ 3 mm 测针即可。

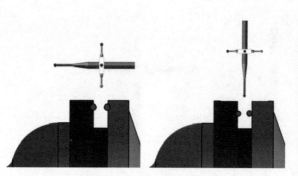

图 3-12　案例一　　　　　　　　　图 3-13　案例二

三、三坐标测量机多探针误差

《产品几何技术规范（GPS）坐标测量机的验收检测和复检检测 第 5 部分：使用单探针或多探针接触式探测系统的坐标测量机》（GB/T 16857.5—2017）中明确规定了"三坐标测量机多探针误差"的检验标准及相关要求，而星形探针属于典型的多探针系统。经验表明：使用多探针系统（相对于单测针测量系统）引入的误差是值得引起注意的，同时，也是坐标测量机中主要的误差。

在实际测量中，可以使用不同探针测量同一标准球，通过查看拟合球心结果的偏差量来做测针关联性判断，是做多测针关联性判定的一般方法，如图 3-14 所示。

四、参数设置

（1）测量命令：自动球测点数 25。

（2）测量层数：5 层测量区域。

（3）整个圆周（"起始角"：0°，"终止角"：360°）。

赤道至球冠（"起始角 2"：0°，"终止角 2"：90°）拟合方法：最小二乘法。不同测针测得球心结果位置度偏差应满足实际测量要求。建议测量机在周期复检之前定期检查探测误差。

图 3-14　测量标准球

【根据测角规划检测工艺】

基于上述步骤，可以在同一角度下检测完所有被测要素后，再更换另一角度，从而规划出检测顺序，制定出检测工艺，并填写附表 3-2 检测工艺表。

小组进行方案展示，其他小组对该方案提出意见和建议，完善方案。

本小组分析的检测方案的判断依据是零件装夹方式、检测顺序、测针型号、测针角度。

四、项目实施

【参数设置】

（1）打开软件后新建程序，输入零件名称。

（2）参数设置。参照项目二进行参数设置。

【星形测针校验】

（1）配置测头文件。

（2）添加测头角度"A90B0""A-90B0"，测针列表中每增加一个角度，会自动在测针列表中添加5个新测针角度，如图3-15、图3-16所示。

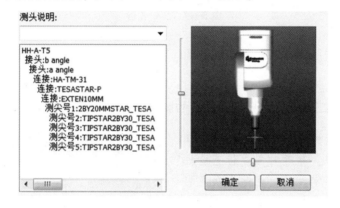

图 3-15　测头配置文件

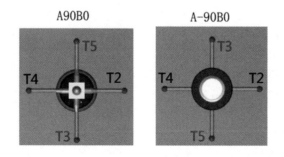

图 3-16　测头角度"A90B0""A-90B0"

（3）校验。

1）调整标准球支撑杆竖直向上，定义矢量（0，0，1）标准球001，校验测针 A0B0 的 5 个测针及 A90B0 的 4 个测针（除 T5A90B0 外）和 A-90B0 的 4 个测针（除 T3A-90B0 外）。

2）调整标准球支撑杆指向 X+，定义矢量（1，0，0）标准球002，适当调整标准球高度。校验 T1A0B0、T5A90B0 和 T3A‐90B0 三个测针，可用工具列表选择 002 后单击"测量"，开始自动校验过程。

　　注意：T1A0B0 是本案例的参考测针，每次更换标准球方向或位置后必须重新校验。

　　3）校验完毕后确认校验结果，如果不满足需求，则必须重新检查原因并校验，如图 3‐17 所示。

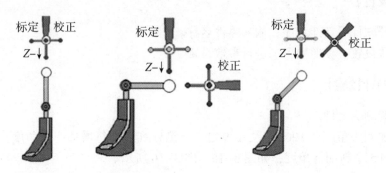

图 3‐17　测针校验

知识拓展

一、温度对三坐标测量机测量精度的影响

　　三坐标测量机对温度的要求是精度保障的先决条件，温度对三坐标测量机精度的影响是非常大的，也是在众多影响测量机精度因素中比较好控制的。

　　三坐标测量机的校准、使用温度要求为 20 ℃，其中也包括被测零件的温度要尽量保持在以 20 ℃ 为中心的一个温度区间内。因此，被测产品从加工完毕到最终放置在测量机平台上检测，必须预留一段时间用以零件恒温，完成部分加工应力释放，最终达到满足测量的恒定状态。

　　为了加快测量节拍，推荐使用温度补偿技术，一旦通过零件温度传感器检测后温度达标，则可进行接下来的测量（图 3‐18）。

Material	Coefficient
Iron	11.3
Cast Iron	10.4
Stainless steel	17.3
Inconel	12.6
Aluminium	23.0
Brass	19.0
Copper	17.0
Invar	12.0
Zerodur; Nexcera	0.0
Alumina	5.0
Zirconia	10.5
Silicon Carbide	5.0
PVC	52.0
ABS	74.0

PC-DMIS Version:　2012 MR1

Edit　Add　Delete　Close

图 3‐18　材料热膨胀系数对照表

　　注意：对于上面"材料系数编辑器"对话框，输入的数值按照 $N×10^{-6}$ 显示，如第一行。

二、测量机温度补偿设置

三坐标测量机为保证测量精度，绝大部分设备配置有温度补偿技术，这里以 PC-DMIS 软件为例介绍启用温度补偿设置的一般步骤（图 3-19）。

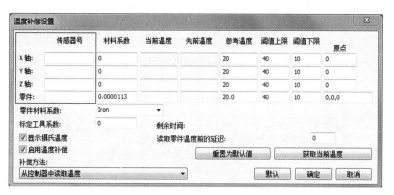

图 3-19　温度补偿设置

（1）执行"编辑"→"参数设置"→"温度补偿设置"命令，弹出"温度补偿设置"对话框，输入温度传感器通道编号（每个轴有两个温度传感器，格式为 A-B），温度补偿命令需要在程序开端添加。

注：不同机型温度传感器的通道编号不同，以 Global B 机型为例，通道编号为 X 轴 4~5；Y 轴 14~15；Z 轴 7~8；零件 9。

（2）在"材料（热膨胀 CTE）系数"栏输入各轴向及零件的系数值：

X 轴：0.000 010 5（以实际测量机为准）。

Y 轴：0.000 010 5（以实际测量机为准）。

Z 轴：0.000 010 5（以实际测量机为准）。

零件：0.000 011 3（以实际零件为准，其他材料的热膨胀系数请参考材料热膨胀系数对照表）。

（3）勾选"显示摄氏温度"和"启用温度补偿"。

（4）"补偿方法"选择"从控制器中读取温度"，如图 3-20 所示。

图 3-20　补偿方法

软件提供了四种补偿方式，详细说明可参考软件帮助文件。本案例推荐使用方法二：PC-DMIS 软件完成温度补偿，不使用控制器自我补偿。

（5）"参考温度"设置为 20 ℃，"阈值上限"与"阈值下限"按照测量机补偿能力设置。

（6）通过"读取零件温度前的延迟"设置延迟时间为 10（秒），用于在该时间内查阅当前温度显示，如图 3-21 所示。

剩余时间：

读取零件温度前的延迟： | 10

重置为默认值 | 获取当前温度

图 3-21　设置延时

（7）单击"确定"按钮，完成温度补偿命令创建（图 3-22）。

温度补偿/原点=0,0,0,材料系数=0.000000103,参考温度=20
,阈值上限=22,阈值下限=18,传感器号=9
,X轴温度=0,Y轴温度=0,Z轴温度0,工件温度=0

图 3-22　温度补偿程序段

【粗建零件坐标系】

数控车零件是典型的回转体零件，最重要的轴便是回转轴（车床主轴），一般由装配孔（本案例）或两端的顶尖圆锥面（发动机曲轴）确定的公共轴线确定。

1. 柱-面法坐标系建立分析

如图 3-23 所示，该零件的基准为基准孔 A、基准平面 B。我们分别测出圆柱 1、平面 1，利用柱-面法建立坐标系。

圆柱 1 可以确定 Y-方向，同时限制了 X 方向的平移、Z 方向的平移、X 轴的旋转、Z 轴的旋转。

平面 1 可以确定 Y 轴的平移。

此时零件可以绕着 Y 轴旋转，被 5 个自由度控制。

2. 柱-面法建立坐标系步骤

（1）使用测针为测尖/T1A-90B0，手动测量回转轴元素基准 A（注意圆柱测量顺序）。

手动测量基准 A：圆柱孔测量 8 点，分两层测量。尽量保证圆柱测量长度，同时，避免测针（杆）与孔内壁发生干涉，如图 3-24 所示。

（2）如图 3-25 所示，插入新建坐标系 A1，使用"MAN_DATUM A"找正"Y 负"，并使用该平面将 X、Z 轴置零。

（3）测量端面元素基准 B（环形平面），确定主找正方向"Y 负"轴向的零点。

手动测量基准 B：外环面测量 3 点，注意不要在环面边缘处采集点，如图 3-26 所示。

（4）插入新建坐标系 A2，如图 3-27 所示，使用"MAN_DATUM B"基准将 Y 轴置零。

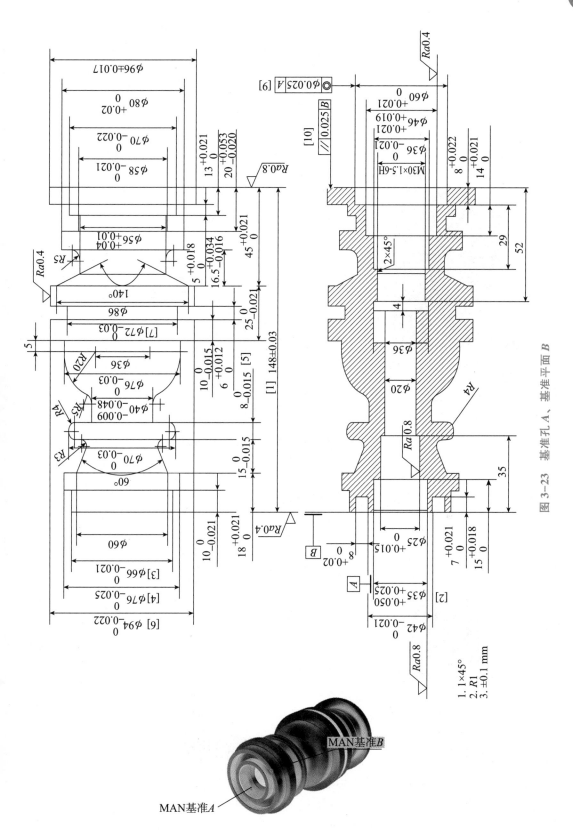

图 3-23 基准孔 A、基准平面 B

图 3-24　手动测量圆柱孔 *A*　　　　　　　图 3-25　坐标系 A1 建立

图 3-26　手动测量基准 *B*　　　　　　　图 3-27　坐标系 A2 建立

【精建零件坐标系】

本案例讲解柱-面法精建零件坐标系。自动精建零件坐标系步骤如下：

（1）切换测量模式为自动（使用快捷键 Alt+Z，或单击 DCC 图标切换）。在安全位置添加移动点，根据需要可设置多个移动点。

（2）按照粗建坐标系第一步，插入自动测量圆柱命令。

（3）坐标系找正方式与手动坐标系相同：确定主找正方向"Y负"，并将X轴、Z轴坐标置零。

（4）测量基准平面B，采用自动测量平面，确定主找正方向Y轴向的零点。

🔄 知识拓展

问题1：如何选择基准建立单轴坐标系？

（1）进行图纸分析，本产品为回转体零件，图纸中明确标注了基准A、基准B，如图3-28所示。

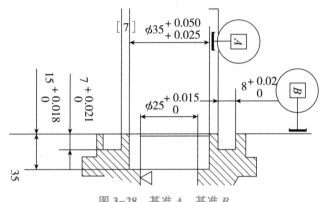

图3-28　基准A、基准B

（2）需要确认使用基准A找正还是基准B找正。对于数控车零件，加工回转轴为基准A，而且从使用功能分析，首要保证回转轴的方向，因此使用基准A找正，并且使用该基准将与此基准轴垂直的两个轴置零。

（3）使用基准B将找正的轴置零，这样零件坐标系得到确定。

问题2：回转轴类零件是不是都可以建立单轴坐标系？

类似本案例零件，所有加工元素都是基于回转轴中心对称的，因此第一轴向确定后，第二轴向只要垂直于回转轴，那么在哪个方向其实并不是我们关注的。

但如果零件有加工键槽或具有明确角向位置，则必须使用图纸标注的第二基准元素建立第二轴向。

问题3：单轴坐标系仅有一个轴向得到了控制，另外两个轴向怎么确定？

笛卡儿直角坐标系共有6个空间自由度，即TX、TY、TZ、RX、RY、RZ。如图3-29所示，第一轴向［矢量为（0，0，1）］可以控制TX、TY、RZ三个自由度，TZ可由端面确定。目前，还有两个轴向RX、RY无从确定，那么使用上述单轴坐标系建立的方法任由第二轴随意摆动吗？在建立坐标系前默认坐标系为机器坐标系，零点为设备回家（归零）位置，轴向垂直于导轨。因此，这里没有特别指定轴向RX、RY，而使用了设备默认轴向按照主找正轴向的偏转矩阵转化后得到的方向。

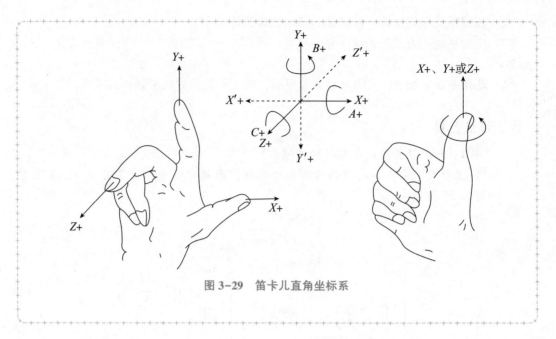

图 3-29　笛卡儿直角坐标系

【自动测量】

1. 自动测量圆柱 CYL003 和 CYL004

参考项目二自动测量圆柱的方法，测量 CYL003（图 3-30）和 CYL004，测针为 T1A-90B0。

（1）调用测针：T1A-90B0。

（2）确定特征 CYL003 中心坐标：(0, 0, 0)。

（3）圆柱长度：-10 mm（外圆柱深度为负数，内圆柱刚好相反）。

（4）测点数设置为：每层 6 个测点，共 3 层。

（5）对于外圆/圆柱测量，必须开启"圆弧移动"功能（ ），避免测杆与被测圆柱发生干涉。

自动测量圆柱 CYL004 注意事项：从图纸中可以发现，圆柱 CYL004 的长度为 6 mm，而且测量位置在内槽中，因此，测量范围需要慎重设置。

以图 3-31 为例，圆柱总长设定为 8 mm，第一层深度为 2 mm，结束深度也设置为 2 mm，有效测量高度为 2 mm，这时 T1A0B0 测针（测杆）几乎与槽侧面贴紧。

为避免测杆干涉，可将第一层深度与结束深度适当调整（如都设置为 2.5 mm，有效测量高度为 1 mm）。深度调节如图 3-32、图 3-33 所示。

2. 自动测量平面 F001

极坐标系（Polar Coordinates）是指在平面内由极点、极轴和极径组成的坐标系。在平面上取定一点 O，称为极点。从 O 出发引一条射线 Ox，称为极轴。再取定一个单位长度，通常规定角度取逆时针方向为正。这样，平面上任一点 P 的位置就可以用线段 OP 的长度 ρ 以及从 Ox 到 OP 的角度 θ 来确定，有序数对 (ρ, θ) 就称为 P 点的极坐标，记为 $P(\rho, \theta)$；ρ 称为 P 点的极径，θ 称为 P 点的极角（图 3-34）。

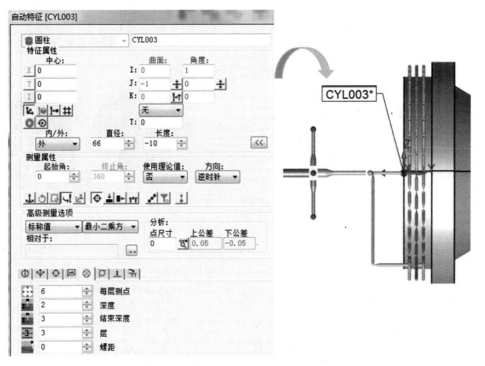

图 3-30　外圆柱 CYL003 的自动测量

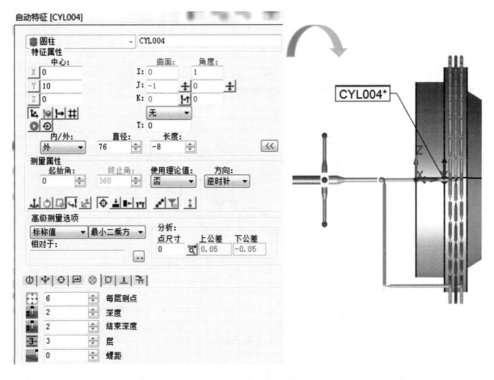

图 3-31　外圆柱 CYL004 的自动测量

三维空间点 P 柱坐标表述为 (r, θ, H)，H 表示点所在二维平面关于初始坐标系的高度值（$H=z$），如图 3-35 所示。柱坐标系可以与直角坐标系实现转化，遵循公式（z 仍表示高度坐标）：

$$x = \rho \cdot \cos\theta;\ y = \rho \cdot \sin\theta$$

图 3-32　深度未调节

图 3-33　深度调节后

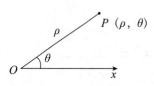

图 3-34　二维空间极坐标系

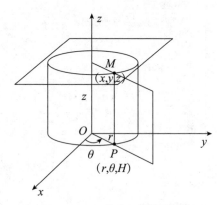

图 3-35　三维空间柱坐标系

测量平面 F001，具体操作步骤如下：

（1）切换测针为 T1A-90B0。

（2）执行"自动平面"命令，按照图纸输入理论坐标值及矢量，如图 3-36 所示。

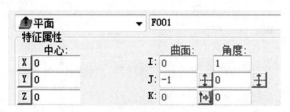

图 3-36　输入理论坐标值及矢量

（3）将测量策略切换为"TTP 平面圆"，如图 3-37 所示。

图 3-37　切换为"TTP 平面圆"

（4）在"定义路径"栏设置环数为 2，内环直径设置为 39.5 mm，外环偏置为 11 mm（图 3-38）。

（5）"选择测点"栏切换为"测点总数"控制总测点数，设置为 10，单击"选择"按钮确认操作，如图 3-39 所示。

图 3-38　"定义路径"栏设置环数为 2　　图 3-39　"选择测点"栏设置测点总数为 10

（6）单击"确定"按钮即可创建测量命令，如果需要测试，可单击"测试"按钮，这时测量机会联机测量。

小提示

定义路径栏参数设置分析（图 3-40）：

直径为 35 mm 圆孔外缘有倒角，综合考虑后将内环中心定位为 39.5 mm，即外边缘向内留 1.25 mm 余量；外环面中心圆直径为（66+50）/2=58（mm），距离内环中心为（58-39.5）/2=9.25（mm），可设置范围为 10~12，优选偏置值为 11 mm。测点分布及路径线如图 3-41 所示。

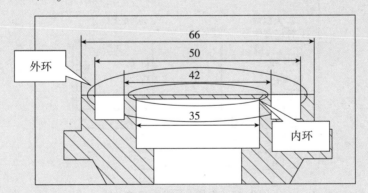

图 3-40　图纸分析

图 3-41　测点分布及路径线示意

知识拓展

1. 自动平面触发测量策略

自 PC-DMIS 2015.1 版本之后，加入了"TTP 平面圆策略"和"TTP 自由形状平面策略"新功能，适用于具有复杂边界平面或环形平面的自动测量。

2. "TTP 平面圆策略"功能介绍

"TTP 平面圆策略"功能适用于环形平面，尤其适用于有多个固定间距环形平面组的测量。本案例中需要根据图纸输入环形面理论圆心坐标及平面矢量。

3. "TTP 自由形状平面策略"功能使用

当使用 CAD 数模编程时，可以通过单击数模平面获取平面的理论值；如果不具备产品数模，可以通过在零件上用测头按要求位置触发测点生成命令。当然在具备产品数模时，功能优势更加明显。

3. 自动测量对称平面 F005

（1）自动测量平面 F005_1。通过测量一系列矢量点的方法构造得到平面 F003。

1）调用测针："T2A0B0"。

2）将工作平面切换为 Y 负；执行自动矢量点命令，单击坐标系切换按钮，切换为"极坐标系"。

3）按照图 3-42 设置第一个矢量点的参数，随后添加移动点用于切换测针。

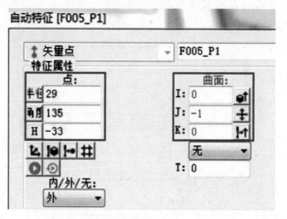

图 3-42　矢量点及曲面参数设置

4）使用测针"T1A0B0"测量角度分别为 120°、90°、60°的三个矢量点，随后添加移动点，如图 3-43 所示。

5）使用测针"T4A0B0"测量角度为 45°的一个矢量点，随后添加移动点。

6）将平面上采集的 5 个矢量点构造为平面特征 F005_1，如图 3-44 所示。程序段如图 3-45 所示。

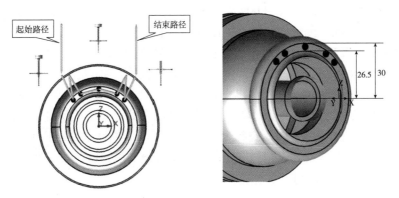

图 3-43 测量路径

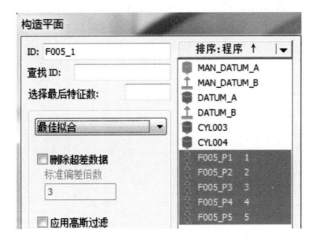

图 3-44 构造平面特征

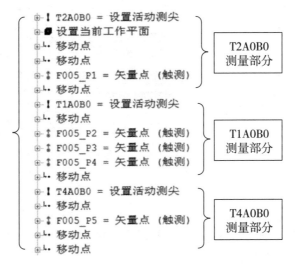

图 3-45 程序段

（2）自动测量平面 F005_2。F005_2 与 F005_1 是相对称的平面，下面我们尝试使用一个平面测量命令完成多测针的测量，如图 3-46 所示。

1）切换测针为 T2A0B0，使用操纵盒控制测头在平面 F005_2 上测量 1 个测点，注意测量完毕后添加移动点衔接下一个测针（注意此时不按确认键）。

2）切换测针为 T1A0B0，使用操纵盒控制测头在平面 F005_2 既定位置上测量 3 个测点，注意测量完毕后添加移动点衔接下一个测针（注意此时不按确认键）。

3）切换测针为 T4A0B0，使用操纵盒控制测头在平面 F005_2 上测量 1 个测点，注意测量完毕后添加移动点移动到安全位置，随后按操纵盒的确认键生成平面命令。

4）手动把 Y 值修改成 41。

功能拓展：测量路径线显示功能。

无论对于脱机编程还是联机编程，都需要尽可能减少意外碰撞导致的不必要风险，PC-DMIS 软件中的路径线显示功能对于程序检查无疑是一把利器。

功能入口：如图 3-47 所示，执行"视图"→"路径线"→"显示光标后的路径线"命令。

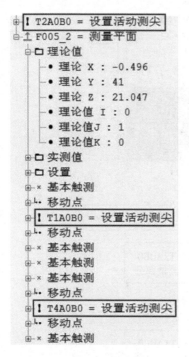

图 3-46　设置活动测尖

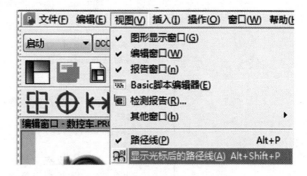

图 3-47　显示光标后的路径线

知识拓展

路径线：选择该菜单选项，将在图形显示窗口中绘制测针的测量路径（程序中未标记部分不显示路径线）。

一、显示光标处的路径线

软件显示鼠标光标所在位置特征及其前后相邻特征的测针测量路径（如果中间包含移动点或测座旋转命令，则也会在结果中体现）。

二、测量路径线显示效果修改

1. 路径线直径及箭头显示设置

可执行"编辑"→"图形显示窗口"→"显示符号"命令修改路径线直径大小，如图 3-48 所示。勾选"箭头"复选框后，则可以显示测针移动的方向，推荐勾选。

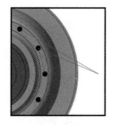

直径=1   直径=5

图 3-48　路径线直径及箭头显示设置

2. 路径线颜色（默认色为绿色）

访问 F5 "设置选项"对话框，单击"动画"选项卡，从路径线颜色框中选择一个颜色。

小提示

检测过程要严谨细致、一丝不苟，培养强烈的质量意识。

1. 测量程序的复制、粘贴

对于同一类测量命令，可以通过复制、粘贴快速得到其他特征的测量命令。示例如下：

（1）创建 F003_1 矢量点命令，如图 3-49 所示。

```
F003_1  =特征/触测/矢量点/默认/极坐标
        理论值/<29,120,-33>,<0,-1,0>
        实际值/<29,120,-33>,<0,-1,0>
        目标值/<29,120,-33>,<0,-1,0>
        捕捉=否
        显示特征参数=否
        显示相关参数=否
```

图 3-49　F003_1 矢量点命令

（2）为了快速得到 F003_2，可以将以上命令选定后进行复制（按 Ctrl+C 快捷键），再粘贴（按 Ctrl+V 快捷键），这样仅需要更改两个参数（特征名称和极角值）便得到了 F003_2，如图 3-50 所示。

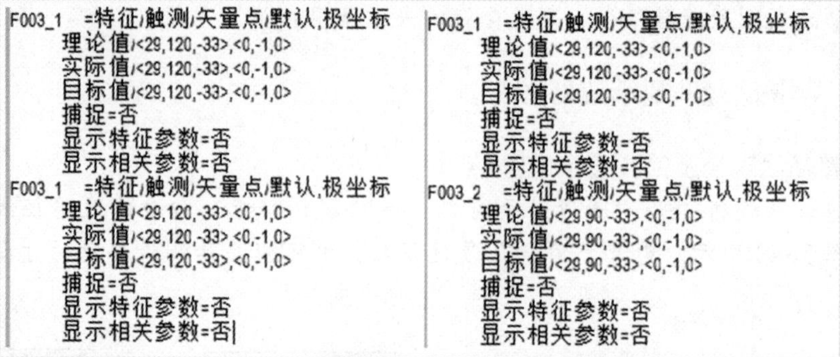

图 3-50　程序的复制、粘贴

2. 特征测量命令中添加移动命令

一般特征测量命令中可以加入移动点命令，这个方法在 F005 平面的测量中已经用到。接下来介绍另外两种移动命令的用法。

（1）添加"移动圆弧"命令。将鼠标光标放在测量圆的第一个测点后，执行"插入"→"移动"→"移动圆弧"命令（图 3-51），在测点与测点间执行"移动圆弧"命令，用于外圆测量避让，添加后如图 3-52 所示。

（2）执行"移动增量"命令。"移动增量"命令不同于移动点命令，是相对移动的概念，如图 3-53 所示。

根据实际需要输入的相对移动值（$X = 50$ mm）会反映在移动路径中，即在当前位置按照轴向定义的增量移动相对距离，如图 3-54 所示。

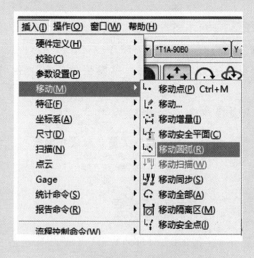

图 3-51　插入"移动圆弧"命令

```
圆1    =特征/圆,直角坐标,外,最小二乘方
      理论值/<0,5.1705,0>,<0,1,0>,66,0
      实际值/<-0.5182,4.9678,-0.0313>,<0,1,0>,64.981,0
      测定/圆,8,Y,正
      触测/基本,常规,<7.2656,4.4868,-32.1902>,<0.2201711,0,-0.9754613>,<7.2656,4.4868,-32.1902>,使用理论值=是
      触测/基本,常规,<19.7809,4.6683,-26.4143>,<0.5994198,0,-0.8004348>,<19.7809,4.6683,-26.4143>,使用理论值=是
      触测/基本,常规,<29.9254,4.985,-13.9094>,<0.9068294,0,-0.4214978>,<29.9254,4.985,-13.9094>,使用理论值=是
      触测/基本,常规,<32.7671,4.5281,3.9134>,<0.9929434,0,0.1185892>,<32.7671,4.5281,3.9134>,使用理论值=是
      触测/基本,常规,<26.5067,5.6286,19.6569>,<0.8032334,0,0.5956644>,<26.5067,5.6286,19.6569>,使用理论值=是
      触测/基本,常规,<16.8681,5.5061,28.3631>,<0.5111547,0,0.8594887>,<16.8681,5.5061,28.3631>,使用理论值=是
      触测/基本,常规,<4.5727,6.2259,32.6817>,<0.1385672,0,0.990353>,<4.5727,6.2259,32.6817>,使用理论值=是
      触测/基本,常规,<-7.4034,5.3348,32.1588>,<-0.2243445,0,0.9745099>,<-7.4034,5.3348,32.1588>,使用理论值=是
      终止测量/
```

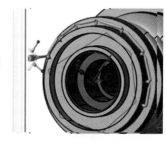

```
圆1    =特征/圆,直角坐标,外,最小二乘方
      理论值/<0,5.1705,0>,<0,1,0>,66,0
      实际值/<-0.5182,4.9678,-0.0313>,<0,1,0>,64.981,0
      测定/圆,8,Y,正
      触测/基本,常规,<7.2656,4.4868,-32.1902>,<0.2201711,0,-0.9754613>,<7.0343,5.3023,-31.7961>,使用理论值=是
      移动/圆弧
      触测/基本,常规,<19.7809,4.6683,-26.4143>,<0.5994198,0,-0.8004348>,<19.1718,5.6671,-25.6704>,使用理论值=是
      移动/圆弧
      触测/基本,常规,<29.9254,4.985,-13.9094>,<0.9068294,0,-0.4214978>,<29.016,5.9838,-13.5425>,使用理论值=是
      移动/圆弧
      触测/基本,常规,<32.7671,4.5281,3.9134>,<0.9929434,0,0.1185892>,<31.7743,3.5293,3.8434>,使用理论值=是
      移动/圆弧
      触测/基本,常规,<26.5067,5.6286,19.6569>,<0.8032334,0,0.5956644>,<25.6991,4.6298,19.1163>,使用理论值=是
      移动/圆弧
      触测/基本,常规,<16.8681,5.5061,28.3631>,<0.5111547,0,0.8594887>,<16.3466,4.5073,27.559>,使用理论值=是
      移动/圆弧
      触测/基本,常规,<4.5727,6.2259,32.6817>,<0.1385672,0,0.990353>,<4.4229,5.7565,32.5759>,使用理论值=是
      移动/圆弧
      触测/基本,常规,<-7.4034,5.3348,32.1588>,<-0.2243445,0,0.9745099>,<-7.1958,4.3667,31.431>,使用理论值=是
      终止测量/
```

图 3-52　添加"移动圆弧"命令

图 3-53　执行"移动增量"命令

```
圆1    =特征/圆,直角坐标,外,最小二乘方
      理论值/<0,5.1705,0>,<0,1,0>,66,0
      实际值/<-0.5182,4.9678,-0.0313>,<0,1,0>,64.981,0
      测定/圆,8,Y,正
      触测/基本,常规,<7.2656,4.4868,-32.1902>,<0.2201711,0,-0.9754613>,<7.2656,4.4868,-32.1902>,使用理论值=是
      移动/增量,<50,0,0>
      触测/基本,常规,<19.7809,4.6683,-26.4143>,<0.5994198,0,-0.8004348>,<19.7809,4.6683,-26.4143>,使用理论值=是
      触测/基本,常规,<29.9254,4.985,-13.9094>,<0.9068294,0,-0.4214978>,<29.9254,4.985,-13.9094>,使用理论值=是
      触测/基本,常规,<32.7671,4.5281,3.9134>,<0.9929434,0,0.1185892>,<32.7671,4.5281,3.9134>,使用理论值=是
      触测/基本,常规,<26.5067,5.6286,19.6569>,<0.8032334,0,0.5956644>,<26.5067,5.6286,19.6569>,使用理论值=是
      触测/基本,常规,<16.8681,5.5061,28.3631>,<0.5111547,0,0.8594887>,<16.8681,5.5061,28.3631>,使用理论值=是
      触测/基本,常规,<4.5727,6.2259,32.6817>,<0.1385672,0,0.990353>,<4.5727,6.2259,32.6817>,使用理论值=是
      触测/基本,常规,<-7.4034,5.3348,32.1588>,<-0.2243445,0,0.9745099>,<-7.4034,5.3348,32.1588>,使用理论值=是
      终止测量/
```

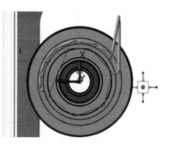

图 3-54　输入相对移动值

知识拓展

公共基准的测量及应用

在轴类产品的测量中，经常会看到公共基准的标注方式，典型格式为 A-B。公共基准由于其特殊设计思路，其测量方法和应用方法对于是否遵从图纸设计至关重要。

1. 公共基准的概念

公共基准由两个或两个以上同时考虑的基准要素建立，主要有公共基准轴线、公共基准平面、公共基准中心平面等。

（1）公共基准轴线（图3-55）：由两个或两个以上的轴线组合形成公共基准轴线时，基准由一组满足同轴约束的圆柱面或圆锥面在实体外，同时对各基准要素或其提取组成要素（或提取圆柱面或提取圆锥面）进行拟合得到的拟合组成要素的方位要素（或拟合导出要素）建立，公共基准轴线为这些提取组成要素所共有的拟合导出要素（拟合组成要素的方位要素）。

（2）公共基准平面（图3-56）：由两个或两个以上表面组合形成公共基准平面时，基准由一组满足方向或/和位置约束的平面在实体外，同时对各基准要素或其提取组成要素（或提取表面）进行拟合得到的两拟合平面的方位要素建立，公共基准平面为这些提取表面所共有的拟合组成要素的方位要素。

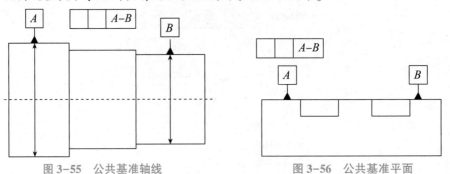

图 3-55   公共基准轴线   图 3-56   公共基准平面

（3）公共基准中心平面（图3-57）：由两组或两组以上平行平面的中心平面组合形成公共基准中心平面时，基准由两组或两组以上满足平行且对称中心平面共面约束的平行平面在实体外，同时对各组基准要素或其提取组成要素（两组提取表面）进行拟合得到的拟合组成要素的方位要素（或拟合导出要素）建立，公共基准中心平面为这些拟合组成要素所共有的拟合导出要素（拟合组成要素的方位要素）。

2. 公共基准的测量思路

参与公共基准建立的元素按原则来说定位和定向的作用是平等的，因此可以当作同一个元素测量。以图3-58为例，在基准 A 测量多层截圆，套用每层圆的中点；同样在基准 B 执行此操作，最终将所有套用（构造点功能）得到的中点拟合（构造直线功能）为一条3D空间轴线（图3-59）。

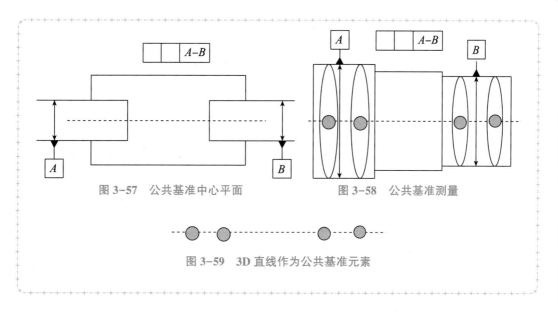

图 3-57　公共基准中心平面　　　　　　　　图 3-58　公共基准测量

图 3-59　3D 直线作为公共基准元素

五、项目结论

【尺寸评价】

知识链接

几何误差包括形状公差、方向公差、位置公差和跳动公差。其所对应的几何公差项目及符号见表 3-2。

表 3-2　几何公差项目及符号表

公差类型	公差项目	项目符号
形状公差	直线度	—
	平面度	▱
	圆度	○
	圆柱度	⌭
	线轮廓度	⌒
	面轮廓度	◠
方向公差	平行度	//
	垂直度	⊥
	倾斜度	∠
	线轮廓度	⌒
	面轮廓度	◠

续表

公差类型	公差项目	项目符号
位置公差	同心度	◎
	同轴度	◎
	对称度	⚌
	位置度	⊕
	线轮廓度	⌒
	面轮廓度	⌓
跳动公差	圆跳动	↗
	全跳动	⫽⫽

1. 形状公差

形状公差是被测要素的提取要素对其理想要素的变动量。

理想要素的形状由理论正确尺寸或/和参数化方程定义，理想要素的位置由对被测要素的提取要素采用最小区域法（切比雪夫法）、最小二乘法、最小外接法和最大内接法进行拟合得到的拟合要素确定。最小区域法（切比雪夫法）为 PC-DMIS 特征尺寸框（FCF）评价方法默认算法，如果使用传统评价方式评价形状公差，则默认使用最小二乘法，如图 3-60 所示。

2. 方向公差

方向公差是被测要素的提取要素对具有确定方向的理想要素的变动量。

理想要素的方向由基准（和理论正确尺寸）确定。方向公差值用定向最小包容区域（简称定向最小区域）的宽度或直径表示（图 3-61）。

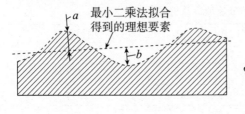

图 3-60　最小二乘法

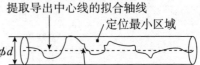

图 3-61　最小区域法

3. 位置公差

位置公差是被测要素的提取要素对具有确定位置的理想要素的变动量。理想要素的位置由基准和理论正确尺寸确定。位置公差值用定位最小包容区域（简称定位最小区域）的宽度或直径表示，如图 3-62 所示。

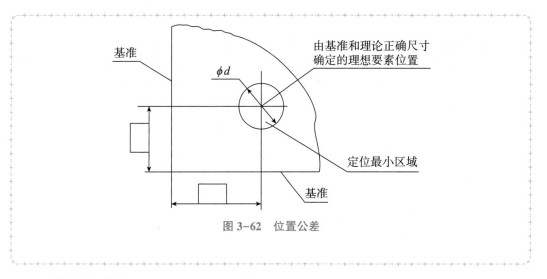

图 3-62　位置公差

1. 同轴度评价

同轴度尺寸见表 3-3。

表 3-3　同轴度尺寸

尺寸	描述	标称值	上极限偏差	下极限偏差
CO009	FCF 同轴度	0	0.025	0

（1）在"同轴度 形位公差"对话框中先定义 DATUM_A 为基准 A。

（2）在"特征"栏选择被评价特征为"CYL009"。

（3）在"特征控制框编辑器"中选择基准 A，并填入尺寸公差，如图 3-63 所示。

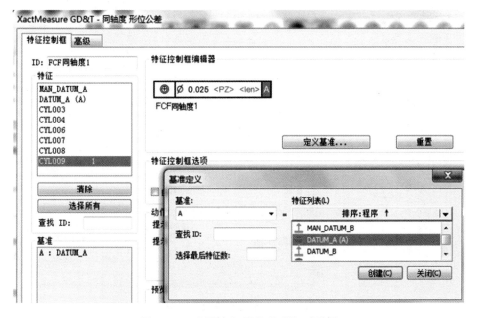

图 3-63　"同轴度 形位公差"对话框

（4）评价结果如图 3-64 所示。

CO009	毫米					⊕ Ø0.025	A	
特征	NOMINAL	+TOL	-TOL	MEAS	DEV	OUTTOL	MAX	MIN
CYL009	0.000	0.025		0.260	0.260	0.235	0.130	0.130

图 3-64　同轴度评价结果

🔄 知识拓展

对于两个距离较远、长度较小的轴或孔，评价其中一个相对另一个的同轴度时，直接评价公差会很大。所以会先测出圆柱 1、圆柱 2，利用圆柱 1 和圆柱 2，采用最佳拟合的形式，构建一个公共轴线，将这个公共轴线作为评价同轴度的基准。

2. 平行度评价

平行度尺寸见表 3-4。

表 3-4　平行度尺寸

尺寸	描述	标称值	上极限偏差	下极限偏差
PA010	FCF 平行度	0	0.025	0

（1）在"平行度 形位公差"对话框中先定义 DATUM_B 为基准 B。

（2）在"特征"栏选择被评价特征为"F010_2"。

（3）在"特征控制框编辑器"中选择基准 B，并填入尺寸公差，如图 3-65 所示。

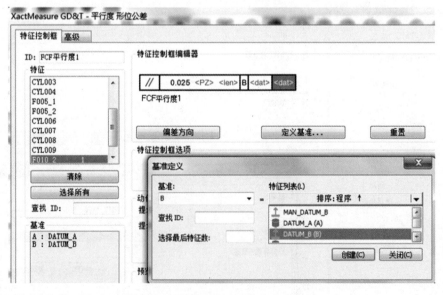

图 3-65　"平行度 形位公差"对话框

知识拓展

跳动概述

跳动可分为圆跳动和全跳动。

1. 圆跳动

圆跳动是任一被测要素的提取要素绕基准轴线做无轴向移动回转一周时，由位置固定的指示计在给定计值方向上测得的最大示值与最小示值之差。圆跳动按照指示表所指位置又可分为"径向圆跳动""端面圆跳动"及"锥面跳动"。

（1）径向圆跳动图例（图 3-66）。

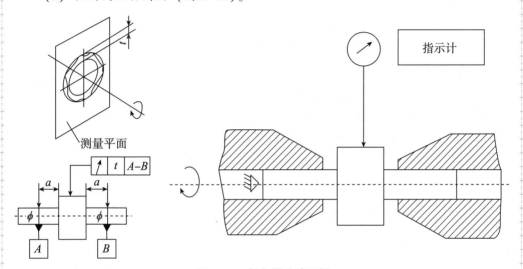

图 3-66　径向圆跳动图例

（2）端面圆跳动图例（图 3-67）。

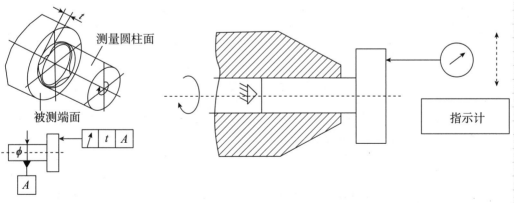

图 3-67　端面圆跳动图例

（3）锥面跳动：也叫斜向圆跳动，公差带是在与基准轴线同轴，而且母线垂直于被测表面的任一测量圆锥面上，沿母线方向距离为公差值 t 的两圆之间的区域，除特殊规定外，其测量方向是被测面的法线方向，如图 3-68 所示。

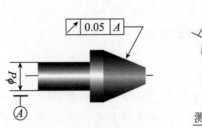
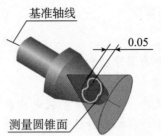

圆锥面对基准A（ϕd轴线）
的斜向圆跳动公差为0.05

在与基准轴线的任一测量圆锥面
上，沿母线方向宽度为公差值0.05的
圆锥面区域（除特殊规定外，其测量
方向是被测面的法线方向）

图 3-68　锥面跳动图例

2. 全跳动

全跳动是被测要素的提取要素绕基准轴线做无轴向移动回转一周，同时，指示计沿给定方向的理想直线连续移动过程中，由指示计在给定计值方向上测得的最大示值与最小示值之差。全跳动图例如图 3-69 所示。

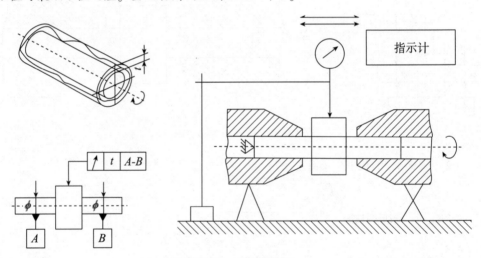

图 3-69　全跳动图例

PC-DMIS 软件对于轴向跳动或径向跳动的区分：在跳动尺寸设置界面通过"轴向""径向"选择框合理选择（图 3-70）。

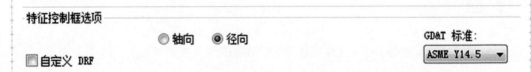

图 3-70　跳动尺寸设置界面

小提示

检测过程要严谨细致、一丝不苟，培养强烈的质量意识。

【报告输出】

操作步骤如下：

（1）执行"文件"→"打印"→"报告窗口打印设置"命令，弹出"输出配置"对话框，如图3-71所示。

（2）在"输出配置"对话框打开"报告"选项卡（默认）。

（3）勾选"报告输出"复选框。

（4）方式选择"自动"，输出格式为"可移植文档格式（PDF）"。

（5）按Ctrl+Tab组合键切换至"报告"选项卡，单击打印报告按钮，在指定路径"D：\ PC-DMIS \ MISSION2"下生成测量报告。

注：该软件支持生成报告后同步在打印机上联机打印报告，只需要勾选"打印机"复选框，这时后面的"副本"选项激活，用于控制打印份数。

图3-71　"输出配置"对话框

知识拓展

"报告"选项卡

尺寸误差评价是三坐标测量技术最终的落脚点，尺寸评价功能用于评价尺寸误差和几何误差。

PC-DMIS软件支持所有类型的尺寸、形状、位置误差评价，功能入口：执行"插入"→"尺寸"命令。所插入的评价在报告中体现，需要选择"视图"→"报告窗口"命令，如图3-72所示。

图 3-72　显示报告窗口

熟练编辑测量报告的前提是了解软件报告常用的命令按钮。

（1）报告刷新按钮，用于重新生成报告。

（2）报告打印按钮，用于打印报告。

（3）报告查看按钮，用于生成测量过程中自第一条命令至最后一条命令的报告。

（4）上次执行报告按钮，用于查看上次执行过程中包含的报告项目、排列顺序及执行顺序。

（5）仅文本报告按钮，PC-DMIS 默认报告模板。

检测报告如图 3-73 所示。

PC		零件名：	20180228-sz		三月 30, 2018	19:35
		修订号：		序列号：	统计计数：	1

←	毫米	D001 - DATUM_B 至 F010_2 (Y 轴)						
AX	NOMINAL	+TOL	-TOL	MEAS	DEV	OUTTOL	MAX	MIN
M	148.000	0.030	-0.030	147.800	-0.200	0.170	147.804	147.797

⊕	毫米	DF002 - DATUM_A						
AX	NOMINAL	+TOL	-TOL	MEAS	DEV	OUTTOL	MAX	MIN
直径	35.000	0.050	-0.025	35.041	0.041	0.000	35.046	35.036

⊕	毫米	DF003 - CYL003						
AX	NOMINAL	+TOL	-TOL	MEAS	DEV	OUTTOL	MAX	MIN
直径	66.000	0.000	-0.021	65.992	-0.008	0.000	65.995	65.990

⊕	毫米	DF004 - CYL004						
AX	NOMINAL	+TOL	-TOL	MEAS	DEV	OUTTOL	MAX	MIN
直径	76.000	0.000	-0.025	75.997	-0.003	0.000	75.999	75.995

←	毫米	D005 - F005_1 至 F005_2 (Y 轴)						
AX	NOMINAL	+TOL	-TOL	MEAS	DEV	OUTTOL	MAX	MIN
M	8.000	0.000	-0.015	8.166	0.166	0.166	8.590	7.770

⊕	毫米	DF006 - CYL006						
AX	NOMINAL	+TOL	-TOL	MEAS	DEV	OUTTOL	MAX	MIN
直径	94.000	0.000	-0.022	94.014	0.014	0.014	94.018	94.011

⊕	毫米	DF007 - CYL007						
AX	NOMINAL	+TOL	-TOL	MEAS	DEV	OUTTOL	MAX	MIN
直径	72.000	0.000	-0.030	72.060	0.060	0.060	72.064	72.056

⊕	毫米	DF008 - CYL008						
AX	NOMINAL	+TOL	-TOL	MEAS	DEV	OUTTOL	MAX	MIN
直径	46.000	-0.021	-0.049	46.008	0.008	0.029	46.011	46.005

CO009	毫米				⊕ ⌀0.025 A			
特征	NOMINAL	+TOL	-TOL	MEAS	DEV	OUTTOL	MAX	MIN	BONUS
CYL009	0.000	0.025		0.260	0.260	0.235	0.130	0.130	

PA010	毫米				∥ 0.025 B			
特征	NOMINAL	+TOL	-TOL	MEAS	DEV	OUTTOL	MAX	MIN	BONUS
F010_2	0.000	0.025	0.000	0.016	0.016	0.000	0.008	-0.008	0.000

图 3-73　检测报告

六、项目评价

项目三结束后，按三坐标测量机关机步骤关机，并将工件、量检具、设备归位，清理、整顿、清扫。

项目三完成后要求提交以下学习成果：组内分工表（附表3-1）、检测工艺表（附表3-2）、检测报告（每组提交一份）、组内评价表（附表3-3）、项目三综合评价表（附表3-4），以及学习总结，具体表格见附件三。

七、习题自测

（一）单项选择题

1. 粗建坐标系与精建坐标系操作方式分别为（   ）。
    A. 手动与精定位坐标系　　　　　　B. 自动与精定位坐标系
    C. 手动与初定位坐标系　　　　　　D. 自动与初定位坐标系

2. 三坐标测量过程中测头的触测方向必须（   ）。
    A. 与被测面的矢量方向一致　　　　B. 与被测面的矢量方向相反
    C. 与被测面的矢量方向平行　　　　D. 与被测面的矢量方向垂直

3. 平行度公差被测特征和基准特征计算顺序互换时，下列描述正确的是（   ）。
    A. 结果一定相同　　　　　　　　　B. 结果等比例放大
    C. 结果等比例缩小　　　　　　　　D. 结果可能不同

4. PC-DMIS软件进行检测报告的打印输出方法是（   ）。
    A. "视图"—报告输出　　　　　　　B. "文件"—报告输出
    C. "视图"—打印　　　　　　　　　D. "文件"—打印

5. PC-DMIS软件能够进行（   ）误差的评价。
    A. 距离尺寸　　　　　　　　　　　B. 直径尺寸
    C. 角度尺寸　　　　　　　　　　　D. 以上都能

6. PC-DMIS软件进行形位误差评价时，必须定义基准（   ）。
    A. 平面度　　　　　　　　　　　　B. 圆度
    C. 同轴度　　　　　　　　　　　　D. 圆柱度

7. PC-DMIS软件进行角度尺寸误差的评价时，默认按照选择顺序的（   ）形成的夹角。
    A. 顺时针　　　　　　　　　　　　B. 逆时针
    C. 正向　　　　　　　　　　　　　D. 逆向

8. 同轴度公差评价时，公共基准轴线可采用（   ）的方式建立。
    A. 构造直线　　　　　　　　　　　B. 构造圆
    C. 构造圆柱　　　　　　　　　　　D. 构造特征组

9. 测量流程中有很多环节需要合理安排，不合理的操作顺序会导致测量结果错误，以下是一个工件完整测量过程中的几个步骤，最合理的测量排序是（　　　）。
①校验测头角度；②分析图纸，明确检测任务；③建立坐标系；④测量指定尺寸评价的元素特征；⑤打印尺寸测量结果

A. ②①③④⑤　　　　　　　　　　B. ②③①④⑤

C. ①②③④⑤　　　　　　　　　　D. ②③⑤①④

10. 球在测量时，为满足球的位置、直径和球度计算需要，通常情况下最少测量（　　　）个点。

A. 7　　　　　　　B. 3　　　　　　　C. 5　　　　　　　D. 4

11. 测量圆锥，为保障位置、直径计算需要，第一次测量时，最合理的测量点数为（　　　）。

A. 3　　　　　　　　　　　　　　B. 4

C. 7　　　　　　　　　　　　　　D. 5

12. 测量圆柱，为保障位置、直径和形状计算需要，第一次测量时，最合理的测量点数为（　　　）。

A. 3　　　　　　　　　　　　　　B. 4

C. 7　　　　　　　　　　　　　　D. 5

13. 圆度公差属于（　　　）。

A. 定向公差　　　　　　　　　　B. 跳动公差

C. 定位公差　　　　　　　　　　D. 形状公差

（二）多项选择题

1. 当校验结果偏大时，检查（　　　）。

A. 测针配置是否超长或超重或刚性太差

B. 测头组件或标准球是否连接或固定紧固

C. 测针或标准球是否清洁干净

D. 测针或标准球是否磨损或破损

2. PC-DMIS 测量软件界面常用到的窗口有（　　　）。

A. 图形窗口　　　　　　　　　　B. 编辑窗口

C. 报告窗口　　　　　　　　　　D. 状态窗口

（三）判断题

1. 一般情况下，工件坐标系都是与设计、制造的基准坐标系相重合的，而为了编程方便，通过工件坐标系又可以派生出多个工件坐标系。　　　　　　　　（　　　）

2. 工件装夹找正一是为了便于测量，二是可以提高测量的精度，减小测量过程中的误差。工件放平放正与机械坐标系的方向一致，这是符合测量的最基本原则即阿贝原则的。　　　　　　　　　　　　　　　　　　　　　　　　　　　　　　（　　　）

3. 使用 PC-DMIS 测量零件，无论被测元素的类型和评价尺寸的类型是什么，都必须建立零件坐标系。　　　　　　　　　　　　　　　　　　　　　　　　　　　（　　　）

4. 在三坐标测量中，一般被测平面的矢量方向垂直于测头的触测回退方向。（　　　）

八、学习总结

通过本项目的学习，了解数控车零件的测量，掌握星形测针的安装、配置、校验方法，以及单轴坐标系的建立方法和多测针测量技巧。重点是轴类零件的检验工艺的设计，难点是星形测针的选择。请对本项目进行学习总结并阐述严谨求实的工作态度对质检人员的重要性。

_____

_____

_____

_____

_____

_____

附件三

附表 3-1　组内分工表

组名	项目组长	成员	任务分工
第（　　）组	（　　　　） 教师指派或小组推选	组员 1：	
		组员 2：	
		组员 3：	
		组员 4：	
		组员 5：	

说明：建立工作小组（4~5 人），明确工作过程中每个阶段的分工职责。小组成员较多时，可根据具体情况由多人分担同一岗位的工作；小组成员较少时，可一人身兼多职。小组成员在完成任务的过程中要团结协作，可在不同任务中进行轮岗。

附表 3-2　检测工艺表

公司/学校					
零件名		检验员		环境温度	
序列号		审核员		材料	
修订号		日期		单位	
检验设备		技术要求			

续表

序号	装夹形式	测针型号	检测序号	测针角度	
1				A：	B：
2				A：	B：
3				A：	B：
4				A：	B：
5				A：	B：
6				A：	B：
7				A：	B：
8				A：	B：

附表 3-3　组内评价表

被考核人			考核人	
项目考核	考核内容	参考分值	考核结果	
素质目标考核	遵守纪律	5		
	6S 管理	10		
	团队合作	5		
知识目标	多角度测针的校验	10		
	操纵盒功能应用	10		
	坐标系的建立	10		
	距离评价	10		
能力目标	测针选择的能力	10		
	检测工艺制定的能力	10		
	尺寸检测的能力	20		
总分				

附表 3-4　项目三综合评价表

1（工艺）	2（检测报告）	3（组内评价）	4（课程素养）	总成绩	组内排名

项目四　发动机缸体零件的自动测量

项目梳理

项目名称	项目节点	知识技能（任务）点	课程设计	学时
项目四　发动机缸体零件的自动测量	一、项目计划	布置检测任务	课前熟悉图纸，完成组内分工（附表4-1）	4
	二、项目分析	1. 分析检测对象	课中讲练结合	
		2. 分析基准		
	三、项目决策	1. 确定零件装夹		
		2. 确定测针及测角		
		3. 根据测角规划检测工艺	课后提交检测工艺表（附表4-2）	
	四、项目实施	1. 测针校验及 CAD 数模导入	课前复习建立坐标系的方法。课中讲练结合	2
		2. 建立坐标系		2
		3. 自动测量		2
	五、项目结论	1. 尺寸评价	课程素养，检测过程要严谨细致、一丝不苟，培养强烈的质量意识	4
		2. 报告输出	课中讲练结合。课程素养，质检员不能擅自更改检测结果，严守职业道德。课后提交检测报告单	
	六、项目评价	1. 保存程序、测量机关机及整理工具	课后提交组内评价表（附表4-3）、项目四综合评价表（附表4-4）	
		2. 组内评价及项目四综合评价		

项目四成果：项目完成后要求提交组内分工表（附表4-1）、检测工艺表（附表4-2）、检测报告（每组提交一份）、组内评价表（附表4-3）、项目四综合评价表（附表4-4），以及学习总结，见附件四。

一、项目计划

课前导学

教师给学生布置任务，学生通过查询互联网、查阅图书馆资料等途径收集相关信息，根据检测任务，熟悉图纸，了解被测要素及基准。

【布置检测任务】

现某质检部门接到生产部门工件的检测任务（工件检测尺寸见表4-1，工件图纸如图4-1所示），检测发动机缸体零件加工是否合格，要求如下：

（1）按尺寸名称、实测值、公差值、超差值等方面，测量零件并生成检测报告，并以PDF文件输出。

（2）测量任务结束后，检测人员打印报告并签字确认。

表4-1　工件检测尺寸

序号	尺寸	描述	标称值	上极限偏差	下极限偏差	测定值	偏差	超差
1	FL001	FCF 平面度（F1000）	0	0.1	0			
2	P002	FCF 位置度（H1001～H1008）	0	0.2 Ⓜ	0			
3	P003	FCF 复合位置度（H1011、H1012）	0	0.2 Ⓜ	0			
			0	0.1	0			
4	CY004	FCF 圆柱度（H2001～H2004）	0	0.1	0			
5	P005	FCF 位置度（POINT_1）	0	0.2				
6	D006	尺寸 2D 距离（F4001）	66	0.1	-0.1			
7	D007	尺寸 2D 距离（F4002）	65.3	0.1	-0.1			
8	PS008	FCF 面轮廓度（F5000）	0	0.2	0			
9	PS009	FCF 线轮廓度（F5100）	0	0.2	0			

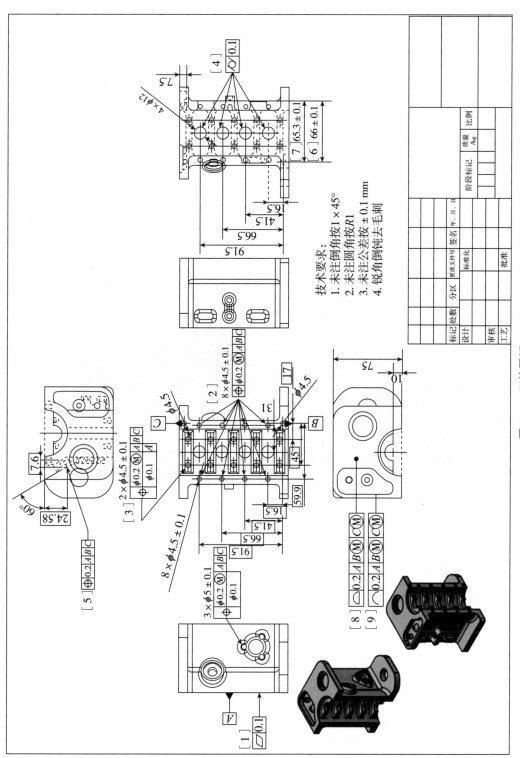

技术要求:
1. 未注倒角按1×45°
2. 未注圆角按R1
3. 未注公差按±0.1 mm
4. 锐角倒钝去毛刺

项目四　发动机缸体零件的自动测量

图4-1　工件图纸

二、项目分析

【分析检测对象】

根据"项目计划"环节布置的检测任务，认真读图，理解零件结构，确定图中被测要素及公差。

【分析基准】

根据"项目计划"环节布置的检测任务，认真读图，理解零件结构，确定图中基准。分析基准尤为重要，之后会利用基准建立检测的坐标系。根据图纸可知，发动机缸体零件基准为基准平面 A、孔 B、孔 C，如图 4-2 所示。

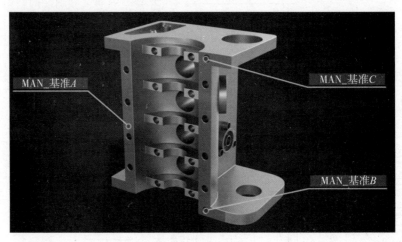

图 4-2　零件基准

三、项目决策

【确定零件装夹】

为了保证一次装夹完成所有要求尺寸的检测，本案例推荐将零件侧向装夹方案。零件相对测量机姿态参考图 4-3、图 4-4。

1. 装夹姿态分析

（1）确认零件待检测特征具体分布位置，保证测量中无遮挡。

（2）由于该零件底面没有需要检测的特征，因此推荐将底面朝下装夹。

（3）零件装夹时需要适当抬高，这样测座旋转为水平后可以有效保证行程。零件装夹姿态分析如图 4-5 所示。

图 4-3　零件的装夹

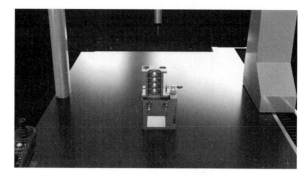

图 4-4　零件相对测量机姿态

2. 硬件配置准备

（1）确认测量机行程。根据测量机 Global Advantage 5、7、5 三个轴向的行程及零件外形尺寸的比对，该测量机可以满足测量需求。

如图 4-6 所示，从零件外形尺寸来看，坐标测量机的行程是完全满足的，只要在安放零件时保证在机台的中心位置就可以了。

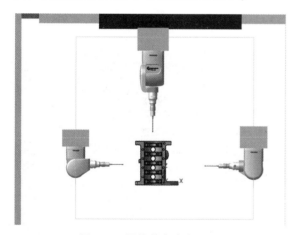

图 4-5　零件装夹姿态分析

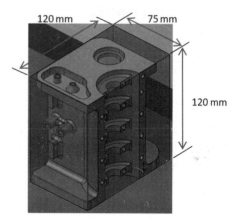

图 4-6　被测零件尺寸

（2）配置测头传感器。如图 4-7 所示为 HP-TM 触发式测头。

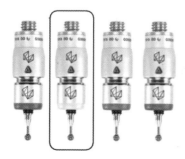

图 4-7　HP-TM 触发式测头

1）HH-A-T5 测座。

2）HP-TM-SF 触发式测头。

3）各传感器模块测头配置碳纤维测针，加长能力如图4-8所示。

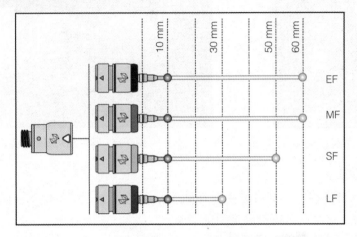

图 4-8　测针加长能力

【确定测针及测角】

1. 测针

测针型号：3BY40 mm。

测针选型要考虑的因素如下：

（1）测针长度：根据零件特征分布及所需测量的尺寸范围，可以判断 3BY40 mm 的测针满足测量需求。

（2）测针直径：本案例最小孔径为 4.5 mm，3BY40 mm 测针可以满足要求。

2. 测角

添加测头角度："A90B0""A-90B0""A90B90""A90B-90""A90B-60"（图4-9）；按照前面项目的方法重新校验测针；校验完毕后确认校验结果，如果不满足需求，则必须重新检查原因并校验。

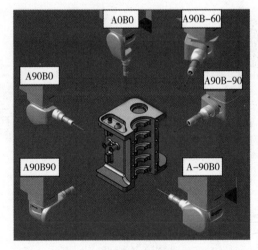

图 4-9　总体测针配置方案

【根据测角规划检测工艺】

基于上述步骤，可以在同一角度下检测完所有被测要素后，再更换另一角度，从而规划出检测顺序，制定出检测工艺，并填写附表 4-2 检测工艺表。

小组进行方案展示，其他小组对该方案提出意见和建议，完善方案。

本小组确定检测方案的依据是零件装夹方式、检测顺序、测针型号、测针角度。

四、项目实施

【参数设置】

（1）打开软件后新建程序，输入零件名称。

（2）参数设置。参照前面项目进行参数设置。

注意：此案例在手动测量时可以按 F5 键进入"设置选项"界面，将"手动回退"改小，这样测针在测量小孔时，回退后离孔内壁较远。

【导入 CAD 数模】

（1）执行"文件"→"导入"，选择相应的格式命令，如图 4-10 所示。

（2）选择指定路径 D：\ PC-DMIS \ MISSION 5 \ 箱体件 . IGS，数模导入完成。

（3）部分类型单击数模文件需单击"处理"按钮，等处理结束后单击"确定"按钮完成，如图 4-11 所示。

（4）通过鼠标操作将数模调整到适合的角度，进行后续的坐标系建立过程。调整数模角度如图 4-12 所示。

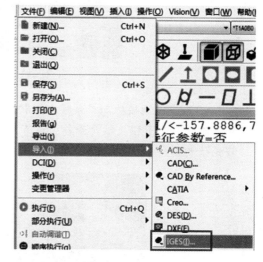

图 4-10　文件导入

图 4-11　"处理"对话框

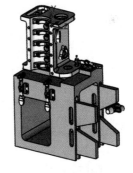

图 4-12　调整数模角度

知识拓展

1. PC-DMIS 数模导入功能

PC-DMIS 支持多种格式的数模导入功能，包括 CAD. CATIA V4/V5/V6 DCT、IGES、Inventor、Parasolid DCT、Pro/ENGINEER DCT、SolidWorks DCT、STEP、Unigraphics DCT 等常见格式。

2. 导入数模文件在线测量的优势

（1）测量过程更加直观，便于操作。基于数模的在线编程，可以将测量特征测点位置在数模上实时显示，依托 PC-DMIS 领先的快速编程方式完成特征测量命令的创建，如图 4-13 所示。

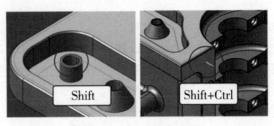

图 4-13　显示测点位置

（2）方便直接从三维数模上提取特征理论值。零件三维模型是产品设计、加工工艺制定、测量程序编辑等各个环节中非常重要的数据传递枢纽，测量程序所有的理论值都需要从三维模型或二维图纸中获取，如图 4-14 所示。

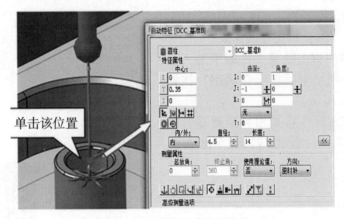

图 4-14　从模型中获取理论值

（3）使用数模是脱机编程的最佳选择。使用三维模型可以进行离线测量仿真，通过 PC-DMIS 的脱机编程功能完成产品预编程，大大减少在线编程的占用时间。

【测针校验】

（1）配置测头：调用项目三测头文件。

（2）添加角度：添加"A-90B0""A90B90""A90B0""A90B-60"。

（3）按照前面项目的方法重新校验测针。

（4）校验完毕后确认校验结果。

【建立手动坐标系】

1. 基准分析

确定坐标系建立基准，如图4-15所示，工件基准为基准平面A、基准孔B、基准孔C。

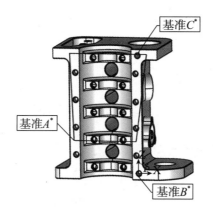

图4-15　基准平面A、基准孔B、基准孔C

（1）基准平面A可以确定$Y-$方向，同时限制了Y方向的平移、X轴的旋转、Z轴的旋转。

（2）基准孔B与基准孔C连线，可以确定$Z+$方向，并限制了Y轴的旋转。

（3）基准孔B所在的圆心限制了X和Z方向的平移。

此时零件被6个自由度控制。

2. 具体操作步骤

（1）手动测量主找正平面，选择程序模式（图4-16）。

图4-16　程序模式

（2）测针切换为测尖/T1A-90B0，按鼠标左键在数模A基准面点取4个合适位置（图4-17），按操纵盒确认键，在软件中得到"平面1"的测量命令。

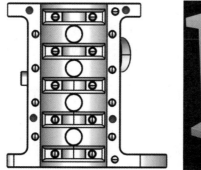

图4-17　主找正平面的测量

（3）插入新建坐标系 A1，使用基准平面找正"Y 负"，并使用该平面将 Y 轴置零，如图 4-18 所示。

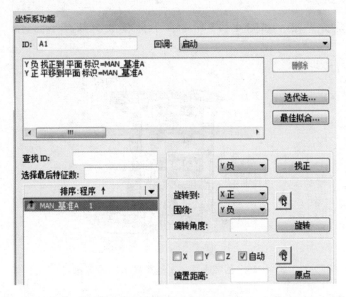

图 4-18   坐标系 A1 的建立

（4）切换工作平面为 Y 负，打开"自动特征圆"对话框，按鼠标左键在基准孔 B 上采集 4 个点测得圆 1，在基准孔 C 上采集 4 个点测得圆 2，如图 4-19 所示。

图 4-19   圆 1、圆 2 的测量

（5）插入新建坐标系 A2，依次点选"MAN_基准 B"和"MAN_基准 C""围绕""Y负""旋转到""Z 正"；使用"MAN_基准 B"将 X 轴、Z 轴置零，如图 4-20 所示。

（6）按组合键 Ctrl+Q 运行测量程序，使用操纵盒按照执行窗口消息提示完成测点采集，手动坐标系就在工件上建立完成。

（7）使用操纵盒移动测量机，通过查看读数窗口（Ctrl+W）的方法来检查零件坐标系的零点及各轴向是否正确。

注意：定位销旋转第二轴向。

依次点选"MAN_基准 B"和"MAN_基准 C"，可以看到特征名前面有 1、2 序号显示，表示该直线矢量为元素 1 指向元素 2"旋转到""Z 正"方向，如图 4-21 所示。

图 4-20　坐标系 A2 的建立

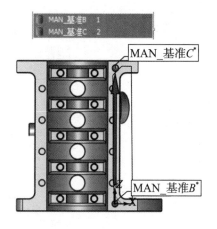

图 4-21　直线矢量

【建立自动坐标系】

自动精建坐标系步骤如下：

（1）将模式切换为 DCC 模式（Alt+Z 组合键），在安全位置添加必要的移动点（或使用 Ctrl+M 组合键）。

（2）结合 CAD 模型用鼠标在基准面 A 上点选 8 个测点，按 End 键结束测量，如图 4-22 所示。

图 4-22　基准平面 A 测量点位置示意

（3）打开"自动特征圆柱"，鼠标左键在基准孔 B、基准孔 C 位置选取特征，填写必要参数，如图 4-23 所示。

（4）插入新建坐标系 A2，依次点选"DCC_基准 B"和"DCC_基准 C""围绕""Y 正"，"旋转到""Z 正"；使用"DCC_基准 B"将 X 轴、Z 轴置零，如图 4-24 所示。

（5）从自动测量命令处按 Ctrl+U 组合键运行测量程序，完成自动零件坐标系的建立。精建坐标系完成后，其零点及各轴指向如图 4-25 所示。

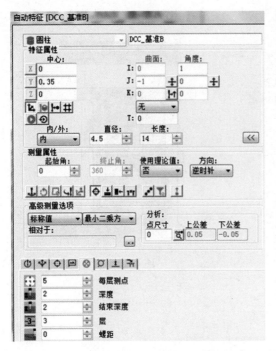 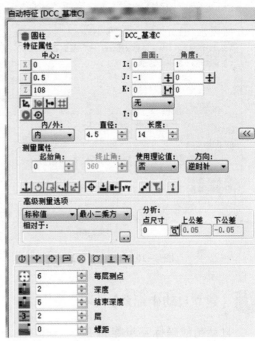

图 4-23　自动圆的测量

图 4-24　新建坐标系 A2

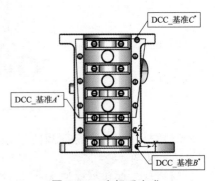

图 4-25　坐标系完成

知识拓展

一面两销建立零件坐标系

一面两销定位法是壳体、端盖零件设计加工时最常用的方法。通常采用圆柱销和菱形销组合使用。

一面两销建立零件坐标系的方法适用于绝大部分箱体类零件的检测。以图 4-25 为例，从坐标系自由度的角度分析定位原理。

（1）一面。此端面是其他半精加工特征的首基准，同时，也是半精加工基准系的主要找正方向，通常采用该面找正一个轴向，并且将该轴向的零点定于此处。

从控制的自由度方向分析，该平面约束了 3 个自由度，分别为两个轴的自转及一个轴的平移。

（2）两销。

1）圆柱销。与圆柱销配合的基准孔 B 用于确定坐标系另外两个轴向的零点。从控制的自由度方向分析，该基准孔约束了两个自由度，分别为两个轴的平移。

2）菱形销。与菱形销配合的基准孔 C 用于确定坐标系另外 1 个轴向。一销一面已经限制了 5 个自由度，只有一个绕销旋转的自由度未限制，如果第二个销仍然用圆柱销，那么两销之间的距离一定，就多限制了一次两销连线方向的自由度，形成过定位。

改用菱形销后只限制了角向的旋转的自由度，符合 6 点定位原则。注意：菱形长对角边应垂直于两销连线。

【自动测量】

1. 使用阵列功能自动测量 H2001~H2004（ϕ 12 缸孔）

（1）测针选用测尖/T1A90B0。

（2）测量点数：每层 36 点，3 层。

注：由于缸体缸孔对于发动机性能及使用寿命等功能性因素影响很大，因此对于其形状及方位要求特别高。而在实际测量中，多数采用模拟扫描测头通过连续扫描的方式得到特征的相关尺寸，在保证精度的前提下极大提高了测量效率。

本例中每层圆设定测量 36 点，意为每 10° 有一个测点分布，用于输出形状偏差分析。完成缸孔 H2001 测量后，采用阵列的方式得到其他 3 个缸孔的测量命令，如图 4-26 所示。

1）选中 H2001 特征并复制（Ctrl+C 组合键），如图 4-27 所示。

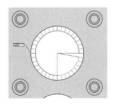

图 4-26 采点形式

图 4-27 复制

2）执行"阵列"命令（"编辑"→"阵列"），弹出"阵列"对话框，在"Z轴"填入"–25"，"偏置次数"设置为"3"，如图4–28所示。

3）将鼠标光标放在H2001命令最后，执行"编辑"→"阵列粘贴"命令，得到H2002、H2003、H2004测量命令，如图4–29所示。

图4–28　"阵列"对话框

图4–29　阵列粘贴

知识拓展

1. 阵列功能介绍

PC-DMIS软件可以通过阵列功能快速得到具有相同间距或相同夹角特征的测量命令，有以下几种常见的阵列类型（圆1均为初始特征)：

（1）坐标偏置。阵列坐标偏置如图4–30所示。

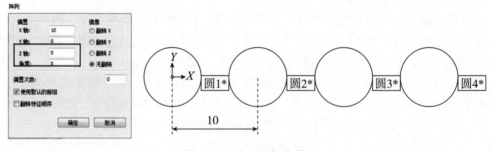

图4–30　阵列坐标偏置

（2）角度偏置。阵列角度偏置如图4–31所示。

（3）镜像偏置。阵列镜像偏置如图4–32所示。

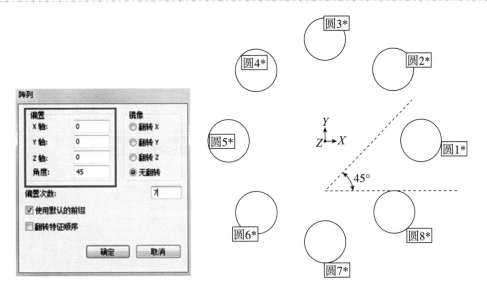

图 4-31　阵列角度偏置

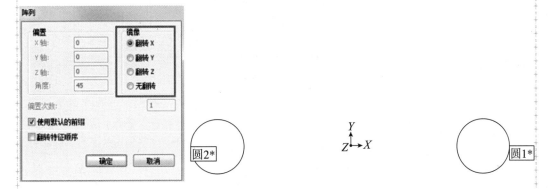

图 4-32　阵列镜像偏置

2. 缸孔的连续扫描测量方法介绍

在汽车发动机项目测量方案实施环节，连续扫描功能是必不可少的测量要求。而对于缸孔垂直度、位置度、圆柱度等尺寸的测量，通常使用"基本圆扫描"的功能来实现，如图 4-33 所示。

图 4-33　"基本圆扫描"功能

（1）"基本圆扫描"界面介绍。"基本圆扫描"功能通常搭配扫描测头使用，适用于规则圆孔（圆柱）或局部圆孔（圆柱）的连续扫描测量，拥有设置简单、扫描命令简洁等优点，可以保证坐标测量机连续、高效地获得精确扫描数据，用于下一步特征构造，如图4-34所示。

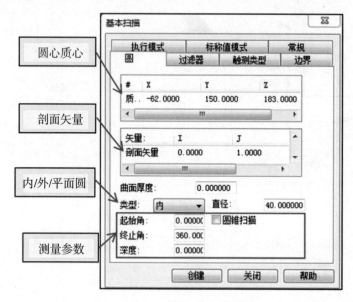

图4-34　"基本圆扫描"界面

（2）间接测量斜孔穿刺点POINT_1。

1）调用测尖/T1A90B-60。

2）插入自动圆柱命令测量圆柱POINT1_CYL。

3）插入自动平面命令测量端面POINT1_PLN。

4）插入构造点命令，依次勾选"POINT1_CYL"和"POINT1_PLN"，方法选择"刺穿"，创建得到穿刺点POINT_1，如图4-35所示。

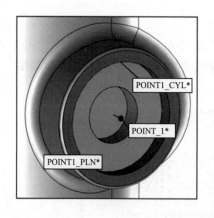
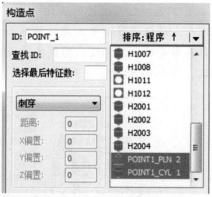

图4-35　刺穿点构造

相交、刺穿区别如下：

（1）相交：以图4-36为例，相交点是直线1和圆柱轴线的交点（注：当两条空间直线不相交时得到的是公垂线中点，如图4-36的相交点）。

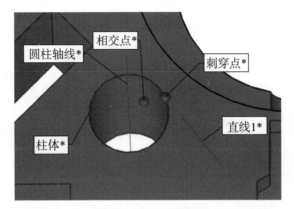

图4-36　相交点与刺穿点

（2）刺穿：一个特征刺穿另一个特征的曲面得到的点（图4-36中的刺穿点）。相交点及刺穿点构造如图4-37所示。

图4-37　相交点及刺穿点构造

3. 已知角度斜面（圆、圆柱）的测量方法介绍

从图纸可以确认穿刺点是由圆柱轴线与端面相交得到的，而端面与基准平面 A 夹角为30°。为保证触测方向符合设计要求，测量位置一般有以下两种方法。

方法一：

如图4-38所示，在原有坐标系下直接测量特定角度特征，刺穿点所关联元素的中心坐标及矢量需要通过计算得到。

由图纸可知，POINT1_CYL 和 POINT1_PLN 元素的中心坐标为（11，49，153），矢量计算方法为：$I = J\cos30° = 0.866J = K\cos60° = 0.5K = \cos90° = 0$。

方法二：

通过坐标系平移旋转到指定位置，便于快速得到刺穿点所关联元素的中心坐标及矢量，如图4-39所示。

（1）将原坐标系平移到图示位置（X_1，Y_1）。

（2）坐标系围绕Z+轴逆时针旋转30°至图示位置（X_2，Y_2）。

（3）此时POINT1_CYL和POINT1_PLN元素的中心坐标为（0，0，0），矢量为（1，0，0）。

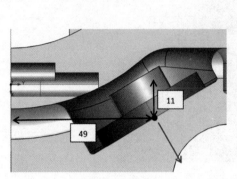

图4-38　方法一

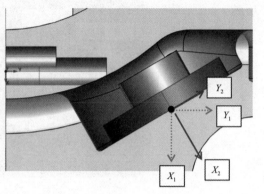

图4-39　方法二

2. 自动测量F4001、F4002台阶面（图4-40）

测针选用测尖/T1A90B90；测量点数为4~6点。自动平面设置如图4-41所示。

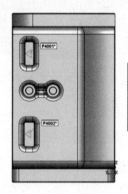

元素	X轴坐标
F4001	−66 mm
F4002	−65.3 mm

图4-40　台阶面

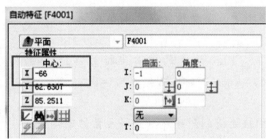

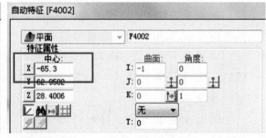

图4-41　自动平面设置

4

知识拓展

台阶面（阶梯面）的创建及应用

在动力总成项目图纸中，经常可以看到以多个台阶面作为毛坯基准，这样可最大程度节省工艺成本，提高加工效率。

PC-DMIS 软件具备台阶面创建功能，可以对输入特征按照图纸指定距离构造偏置平面，通过执行"构造平面"→"偏置"命令实现。

操作步骤如下：

（1）打开"构造平面"对话框，将构造方法切换为"偏置"。

（2）将参与构造偏置平面的所有平面选中（不分先后顺序），如图 4-42 所示。

（3）单击"偏置"按钮，弹出"平面偏置"对话框，通过"计算标称值"（需要输入理论偏置距离）或"计算偏置"（需要输入最终理想台阶平面的理论坐标）构造得到偏置平面，如图 4-43 所示。

图 4-42　"构造平面"对话框　　　　图 4-43　"平面偏置"对话框

注意："偏置"值都必须是从图纸中直接或间接得到的，不允许输入实测值。台阶面通常作为基准要素出现在图纸中，用于控制方向和位置。

3. 自动测量平面 F5000

测针选用测尖/T1A0B0。

如图 4-44 所示，F5000 平面具有整体面积较大、平面边缘不规则的明显特点，可使用平面扫描策略中的"TTP 自由形状平面策略"功能完成测量。但使用"方形阵列"功能可以更便利地完成测量。参数设置参考图 4-45，测量轨迹如图 4-46 所示。

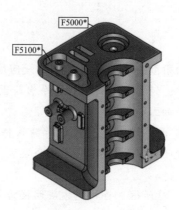

图 4-44　被测平面

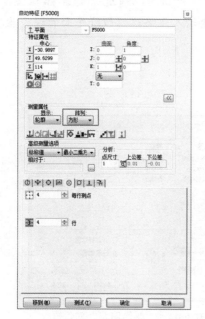

图 4-45　自动测量平面设置

4. 开线扫描测量 F5100

如图 4-47 所示，F5100 曲面为一段封闭曲面，这里使用开线扫描方式完成测量。

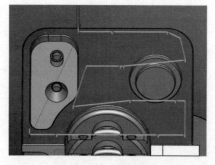

图 4-46　测量轨迹

图 4-47　被测平面

（1）切换工作平面为 Z 正，按 F10 键调整点密度。

（2）打开"开线扫描"对话框进行命令调用，如图 4-48 所示。

（3）切换至"图形"选项卡，勾选"选择"复选框，如图 4-49 所示。

图 4-48 "开线扫描"命令调用

图 4-49 "图形"选项卡

（4）使用鼠标在数模对应曲面依次点选，注意最终选择的面片是连续的，选择完毕后取消勾选，如图 4-50 所示。

（5）使用鼠标在数模上选取起始点"1"，方向点"D"，终止点"2"，如图 4-51 所示。

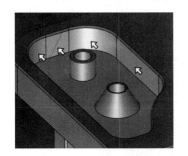

图 4-50 点选对应曲面

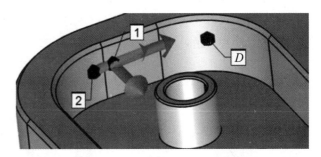

图 4-51 起始点"1"，方向点"D"，终止点"2"的选择

（6）双击"剖面矢量"后，在弹出的对话框中单击"工作平面"（将剖面矢量修正为 0，0，1）。

（7）设置扫描增量（点间距），按需要灵活设置。

（8）按照图 4-52 所示的参数设置"执行"选项卡。

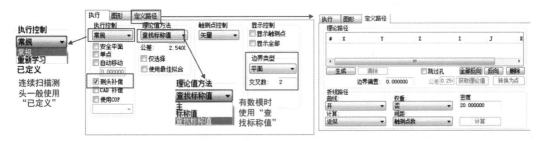

图 4-52 "执行"选项卡设置

（9）切换为"定义路径"选项卡，单击"生成"按钮得到扫描路径。

（10）单击"创建"按钮完成扫描命令的创建，如图4-53所示。

图4-53 扫描点位置示意

知识拓展

PC-DMIS高级扫描提供了多种边界（扫描终点）的控制方法，可以灵活应用在不同情境下，如图4-54所示。

本例选用"平面"类型，进一步说明设置原理：边界类型参考终止点位置，选用"平面"类型后会在终止点位置虚拟一个边界平面。交叉点1表示扫描路径第一次与平面相交时终止扫描，图4-55（a）所示；交叉点2表示扫描路径第二次与平面相交时终止扫描，如图4-55（b）所示。

图4-54 边界类型

图4-55 边界类型样式

PC-DMIS高级扫描提供了较多可得到扫描路径及测点分布的控制方法，包括开线、闭线、曲面、周边、截面、旋转、UV、自由曲面、网格、生成截面。

本任务以开线扫描为例，介绍了该功能的一般使用方法，起到举一反三的目的。

1. 闭线扫描自动测量 F5100

F5100曲面为一段封闭曲面，也可以使用闭线扫描方式完成测量。

（1）切换工作平面为Z正，按F10键调整点密度。

（2）插入"闭线扫描"，如图4-56所示。

（3）切换至"图形"栏，勾选"选择"复选框。

（4）在数模对应曲面依次点选，注意最终选择的面片是连续的，选择完毕后取消勾选，如图4-57所示。

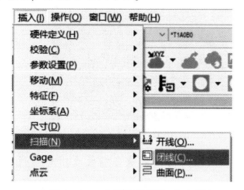

图4-56　"闭线扫描"命令调用

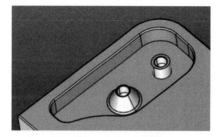

图4-57　点选对应曲面

（5）使用鼠标在数模上选取起始点"1"，方向点"D"，闭线扫描的起始点就是终止点，如图4-58所示。

（6）注意修改剖面矢量。（也可在"D"点标号上双击，将Z值设置为与"1"点Z值相同），如图4-59所示。

图4-58　选取起始点"1"，方向点"D"

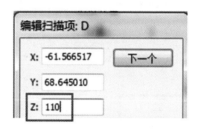

图4-59　修改剖面矢量

注：其他设置与开线扫描相同。

2. 曲面扫描

（1）插入"曲面扫描"，如图4-60所示。

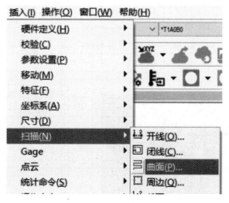

图4-60　"曲面扫描"命令调用

（2）切换至"图形"栏，勾选"选择"复选框，如图 4-61 所示。

（3）在平面上选点，"1"代表起始点；"D"代表方向点；"2/3/4"点与"1"点所包含的区域表示扫描区域，如图 4-62 所示。

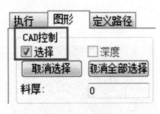

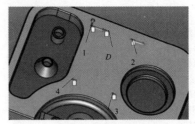

图 4-61　"图形"栏　　　　　　图 4-62　扫描区域

（4）方法 1 增量表示每一行的点与点之间的距离，方法 2 增量表示行与行之间的距离，如图 4-63 所示。

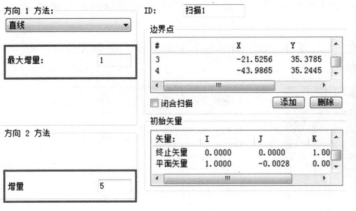

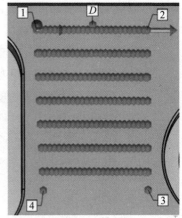

图 4-63　方法 1

3. 开线扫描

（1）打开"开线扫描"设置界面，如图 4-48 所示。

（2）执行方式选择"重新学习""主"。

（3）手动在工件上打起始点、方向点和终止点，然后更改剖面矢量为（0，0，1），如图 4-64、图 4-65 所示。

图 4-64　手动打起始点　　　　　图 4-65　更改剖面矢量

（4）完毕之后直接单击"创建"（不用单击"生成"）按钮，如图4-66所示。

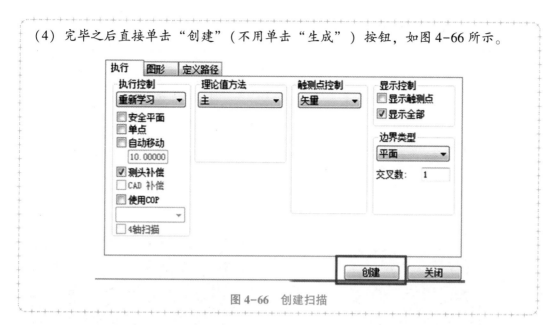

图4-66　创建扫描

【安全空间】

PC-DMIS 软件具备安全空间功能，开启安全空间之后，程序在执行元素时会先运行到相应的安全面上，再进行测量。

（1）打开安全空间（"编辑"→"参数设置"→"设置安全空间"或安全空间工具栏），默认显示简约界面，如图4-67所示。

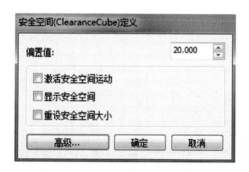

图4-67　安全空间工具栏

（2）将"偏置值"更改为 20 mm，通过单击"高级"按钮打开高级设置界面，可通过勾选"显示安全空间"复选框实时显示当前设置，如图4-68所示。

（3）在"约束"选项卡中设置测头可通过的平面（注：不勾选表明测头不可以通过该棱边）。

（4）在"状态"选项卡将所有特征的"活动"状态设置为"开"。

（5）"开始"和"结束"设置。

1）"开始"：测量时测头从哪个方向的安全平面开始移动。

2）"结束"：测量结束后测头退回到哪个方向的安全平面。

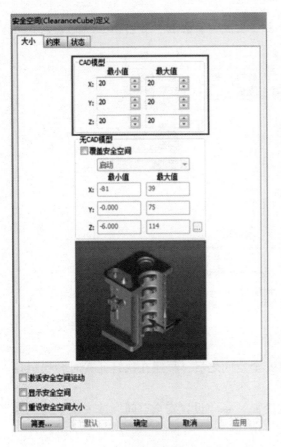

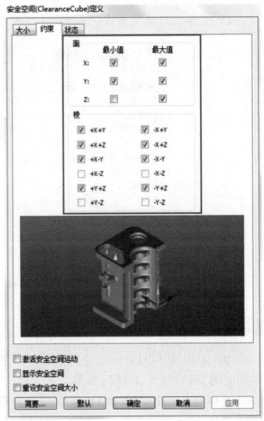

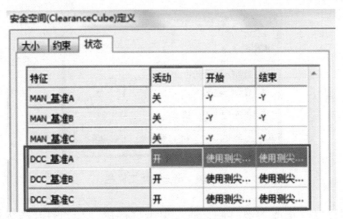

图 4-68　安全空间设置

　　本案例中推荐使用"使用测尖矢量"选项，如图 4-69 所示。

　　（6）在"约束"选项卡勾选"激活安全空间运动"，单击"确定"按钮完成创建。

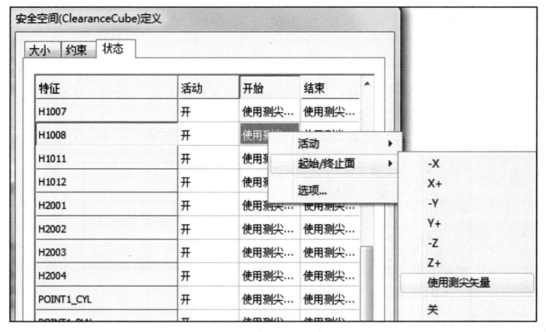

图 4-69　定义

（7）通过执行"视图"→"路径线"\"光标处的路径线"命令或按 Alt+P 快捷键查看测量路径线，如图 4-70 所示。

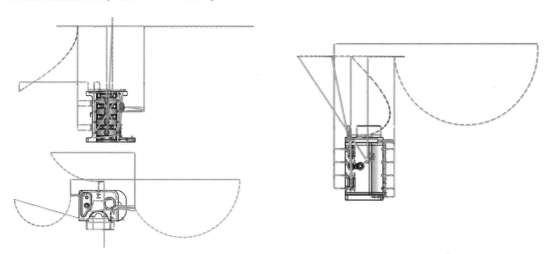

图 4-70　路径线

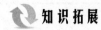知识拓展

一、F3 标记功能应用

在软件编辑窗口中显示的程序，在未做标记设置的前提下，所有程序默认都是标记状态，即按 Ctrl+Q 组合键会全部运行。

标记状态和未标记状态有明显的颜色区分，如图 4-71 所示。

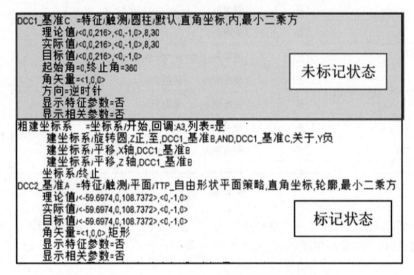

图 4-71　标记状态和未标记状态程序

（1）蓝色背景区域为"未标记状态"，程序在使用全部执行命令（Ctrl+Q 组合键）后该部分不执行。

（2）白色背景区域为"标记状态"，程序在使用全部执行命令（Ctrl+Q 组合键）后该部分执行。

二、功能用法

标记功能主要用在程序调试阶段和程序正式运行阶段。

（1）调试阶段：对于未调试程序，可以先将全部程序设为未标记状态，然后逐项开启标记并运行。

（2）正式运行阶段：可以将一个完整程序通过不同的标记方法保存为具有特定用途的程序。例如，车身检测中可分为"带天窗"检测程序及"无天窗"检测程序，而这两个程序的唯一区别就是天窗部分的检测程序是否被标记。

五、项目结论

【尺寸评价】

知识链接

公差与形位公差带，公差带示意如图 4-72 所示。

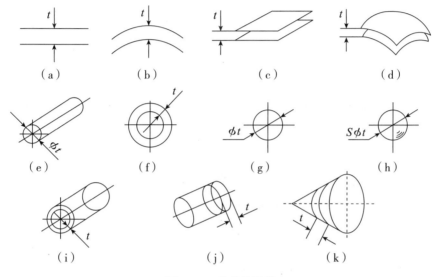

图 4-72　公差带示意

（a）两平行直线；（b）两等距曲线；（c）两平行平面；（d）两等距平面；（e）圆柱面；（f）两同心圆；
（g）一个圆；（h）一个球；（i）两同心圆柱面；（j）一段圆柱面；（k）一段圆锥面

1. 形状公差

形状公差是指单一实际要素的形状所允许的变动全量。

2. 位置公差

位置公差是指关联实际要素的位置对基准所允许的变动全量。《产品几何技术规范（GPS）几何公差 形状、方向、位置和跳动公差标注》（GB/T 1182—2018）中将位置公差分为定向、定位、跳动 3 种，分别是关联实际要素对基准在方向、位置和回转时所允许的变动范围。

3. 形位公差带的主要形状

形位公差带是用来限制被测实际要素变动的区域，只要被测实际要素完全落在给定的公差带区域内，就表示其实际测得的要素符合设计要求。

4. 平面度概述

平面度表示零件的平面要素实际形状保持理想平面的状况，即平整程度。

平面度公差是实际表面所允许的最大变动量，用以限制实际表面加工误差所允许的变动范围。

以图 4-73 为例，平面度要求被测平面所有离散测点必须位于距离为 0.08 mm 的两个平行包络平面内，该尺寸才是合格的。

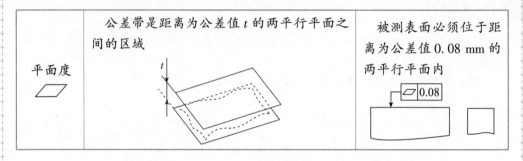

图 4-73　平面度

为了严格控制产品表面加工质量，在图纸中经常会增加区域平面度的评价要求，如图 4-74 所示。

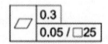

图 4-74　区域平面度的评价

图 4-74 中有以下两点说明：

（1）上格 0.3 公差：0.3 公差所限定的平面检测区域范围为整个平面，因此，测量范围要尽可能覆盖整个平面。

（2）下格 0.05 公差：0.05 公差限定区域为整个测量区域中任意 25×25 面积，要求任意区域的最大平面度结果都要小于 0.05。

5. 区域平面度添加方法

（1）打开平面度设置界面（图 4-75），勾选"每个单元"后第二格则可以显示出来。

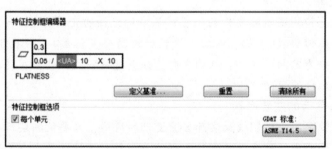

图 4-75　区域平面度添加

注：PC-DMIS 软件仅在新版本评价方式（推荐默认设置）下才支持区域平面度评价，传统评价方式不支持该功能。

（2）按照图纸要求输入指定公差值。

注：PC-DMIS软件支持两类单位区域：方形区域、矩形区域，可通过单击图4-76中"<UA>"切换。

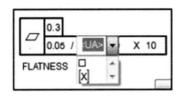

图4-76　"<UA>"选项

1. 位置度尺寸 P002 评价

位置度尺寸评价见表4-2。

表4-2　位置度尺寸评价

尺寸	描述	标称值	上极限偏差	下极限偏差
P002	FCF 位置度	0	0.2 Ⓜ	0

（1）打开位置评价对话框，首先定义 A、B、C。

（2）在评价菜单左侧"特征"列表中选择被评价特征 H1001~H1008，并按照图纸标注选择基准，输入公差值。

（3）选择"高级"选项卡，将尺寸 Y 前复选框的勾选去掉，表示不输出此结果。

（4）单击"创建"完成位置度评价，如图4-77所示。

（5）评价结果分为孔直径、孔位置度、孔实测坐标 3 部分，如图4-78~图4-80所示。

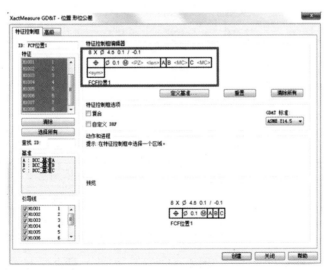

图4-77　位置度评价

特征	NOMINAL	+TOL	-TOL	MEAS	DEV	OUTTOL	BONUS	
P002 尺寸		毫米				8X∅6 0.1/-0.1		
H1001	6.0000	0.1000	-0.1000	5.9843	-0.0157	0.0000	0.0843	
H1002	6.0000	0.1000	-0.1000	5.9668	-0.0332	0.0000	0.0668	
H1003	6.0000	0.1000	-0.1000	5.9554	-0.0446	0.0000	0.0554	
H1004	6.0000	0.1000	-0.1000	5.9854	-0.0146	0.0000	0.0854	
H1005	6.0000	0.1000	-0.1000	6.0002	0.0002	0.0000	0.1002	
H1006	6.0000	0.1000	-0.1000	6.0002	0.0002	0.0000	0.1002	
H1007	6.0000	0.1000	-0.1000	6.0002	0.0002	0.0000	0.1002	
H1008	6.0000	0.1000	-0.1000	6.0002	0.0002	0.0000	0.1002	

图 4-78　孔直径

特征	NOMINAL	+TOL	-TOL	MEAS	DEV	OUTTOL	BONUS	
P002 位置		毫米			⊕ ∅0.2 Ⓜ A B C			
H1001	0.0000	0.2000		0.6139	0.6139	0.3295	0.0843	
H1002	0.0000	0.2000		0.4882	0.4882	0.2215	0.0668	
H1003	0.0000	0.2000		0.2784	0.2784	0.0230	0.0554	
H1004	0.0000	0.2000		0.2273	0.2273	0.0000	0.0854	

图 4-79　孔位置度

特征	AX	NOMINAL	MEAS	DEV
P002 概要　拟和基准=开，垂直于中心线的偏差=开，使用轴=最差				
H1001 (起点)	X	-119.8000	-119.5095	0.2905
	Z	33.0000	32.9010	-0.0990
H1002 (终点)	X	-119.8000	-119.5870	0.2130
	Z	83.0000	82.8807	-0.1193

图 4-80　孔实测坐标

2. 复合位置度尺寸 P003 评价

复合位置度尺寸评价见表 4-3。

表 4-3　复合位置度尺寸评价

尺寸	描述	标称值	上极限偏差	下极限偏差
P003	FCF 复合位置度	0	0.2 Ⓜ	0
		0	0.1	0

（1）打开位置度评价对话框，如图 4-81 所示，勾选"复合"复选框；"GD&T 标准"选用"ASME Y14.5"。

图 4-81　勾选"复合"复选框

（2）在评价菜单左侧"特征"列表中选择被评价特征 H1011 和 H1012，并按照图纸标注选择基准，输入公差值。

（3）位置度公差上格带最大实体要求，下格不带最大实体要求，如图 4-82 所示。

特征控制框编辑器 2 X Ø 6 0.1 / -0.1 ⊕ | Ø 0.2 Ⓜ \<PZ> \<len> |A|B| \<MC>|C| \<MC> 　　| Ø 0.1 \<MC> \<PZ> \<len> |A| \<dat> | | \<dat> P003	特征控制框预览
2 X Ø 6　0.1 / -0.1 ⊕ | Ø 0.2 Ⓜ | A | B | C 　| Ø 0.1 | A P003	图纸标注

图 4-82　最大实体要求

（4）由于复合位置度下格仅由基准 A 限定方向，因此在位置度评价中有基准转化后得到的结果，如图 4-83 所示。

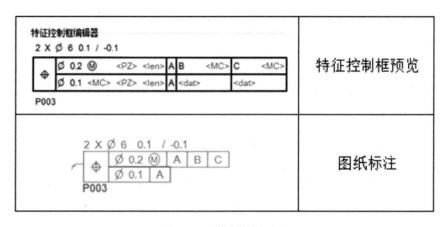

P003 位置	毫米			⊕ Ø0.2 Ⓜ A B C			
特征	NOMINAL	+TOL	-TOL	MEAS	DEV	OUTTOL	BONUS
H1011	0.0000	0.2000		0.0251	0.0251	0.0000	0.1000
H1012	0.0000	0.2000		0.0251	0.0251	0.0000	0.1000

→ 复合位置度第一行结果

P003 位置	毫米			⊕ Ø0.1 A		
特征	NOMINAL	+TOL	-TOL	MEAS	DEV	OUTTOL	BONUS
H1011	0.0000	0.1000		0.0000	0.0000	0.0000	0.0000
H1012	0.0000	0.1000		0.0000	0.0000	0.0000	0.0000

→ 复合位置度第二行结果

P003 基准转化						
段	Shift X	Shift Y	Shift Z	旋转X	旋转Y	旋转Z
段 1	固定	固定	固定	固定	固定	固定
段 2	-0.0126	0.0000	0.0000	固定	0.0000	固定

→ 基准转化

图 4-83　位置度结果

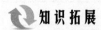

知识拓展

组合位置度与复合位置度介绍

单格位置度是最为常见的位置度标注方式，但是在部分图纸中也会看到组合位置度和复合位置度两种标注方式。由于标注方法的不同，在PC-DMIS中设置也不同，而且对特征公差带的限制方式也有所不同。

1. 组合位置度（Multiple Single-Segment Position）

组合位置度的上下格是两个相互独立的位置约束尺寸。

如图4-84所示，组合位置度的上下格具备各自的位置度符号，而且公差值及使用基准也不尽相同。

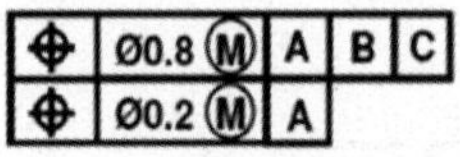

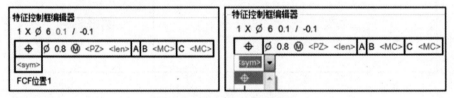

图4-84　组合位置度

PC-DMIS中如何添加组合位置度？

（1）单击下格"<sym>"，选择位置度符号，如图4-85所示。

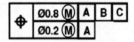

图4-85　"<sym>"设置

（2）下格按照图纸要求输入公差值，选择对应的基准。

2. 复合位置度（Composite Position）

复合位置度的上下格有相连的位置约束尺寸。

如图4-86所示，复合位置度的上下格使用共同的位置度符号，下格的公差值及使用基准与上格不同。

图4-86　复合位置度

PC-DMIS中如何添加复合位置度在下文具体描述。

根据零件功能的要求，尺寸公差与形位公差可以相对独立无关（独立原则RFS），也可以互相影响、互相补偿（相关要求），而相关要求又可分为最大实体要求（Maximum Material Condition，MMC）、最小实体要求（Least Material Condition，LMC）和包容要求。

最大实体要求既可以应用于被测要素，也可以应用于基准中心要素。

（1）当考虑两个轴和两个孔能否装配时，通常考虑间距（或坐标）是否合格，当实际间距和理论间距之差超差时，是否一定会判断该零件不合格呢？如图 4-87 所示，答案肯定是不一定，因为影响装配的因素除间距（坐标）外，还有直径的影响，这就引入了最大实体条件。如图 4-88 所示，如果特征标注最大实体，则表示特征可以在某个范围内调整。孔特征的实际直径如果大于其最大实体尺寸，则即使其加工位置稍有偏差，也是可以满足装配需求的，从而达到节省加工成本、精益生产的目的。

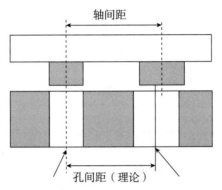

图 4-87　实际间距和理论间距之差超差

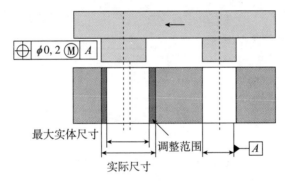

图 4-88　孔特征的实际直径大于其最大实体尺寸

（2）如果基准标注最大实体，则表示基准可以在某个范围内调整，如图 4-89 所示。

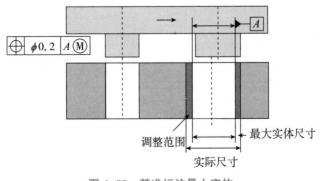

图 4-89　基准标注最大实体

综上所述，评价对象的最大实体条件是将特征的公差放大，而基准的最大实体条件是提供最佳装配路径（即最佳拟合）以缩小位置度要求。

3. 尺寸 PS009 评价

FCF 线轮廓度尺寸评价见表4-4。

表4-4　FCF 线轮廓度尺寸评价

尺寸	描述	标称值	上极限偏差	下极限偏差
PS009	FCF 线轮廓度	0	0.2	0

线轮廓度评价如下：

（1）按 F10 键弹出"参数设置"对话框，切换到"尺寸"选项卡，勾选"最大最小值"选项，如图4-90所示。

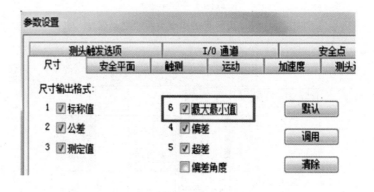

图4-90　F10"参数设置"对话框

（2）打开线轮廓度评价对话框。

（3）被评价特征选择"F5100"。

（4）按照图纸标注选择基准，输入公差值，单击"确定"按钮完成评价，如图4-91所示。

4. 面轮廓度评价

FCF 面轮廓度尺寸评价见表4-5。

表4-5　FCF 面轮廓度尺寸评价

符号	尺寸	描述	标称值	上极限偏差	下极限偏差
⌒	PS008	FCF 面轮廓度	0	0.2	0

关联元素：台阶面"F5000"。

（1）按 F10 键弹出"参数设置"对话框，切换到"尺寸"选项卡，勾选"最大最小值"选项，如图 4-90 所示。

图 4-91　线轮廓度公差设置

（2）打开面轮廓度评价对话框，按照要求选择被评价元素和评价基准，并输入图纸公差，标准选用"ASME Y14.5"，如图 4-92 所示。

图 4-92　面轮廓度公差设置

（3）单击"创建"按钮得到该轮廓度评价。

知识拓展

1. 面轮廓度概述

面轮廓度表示零件上任意形状的曲面保持其理想形状的状况。

面轮廓度公差是非圆曲面的轮廓线对理想轮廓面的允许变动量，用以限制实际曲面加工误差的变动范围，如图 4-93 所示。

	公差带是包括一系列直径为公差值 t 的球的两包络面之间的区域，诸球的球心应位于具有理论正确几何形状的面上	被测轮廓面必须位于包括一系列球的两包络面之间，诸球的直径为公差值 0.02，而且球心位于具有理论正确几何形状的面上的两包络面之间
面轮廓度	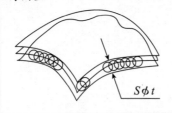	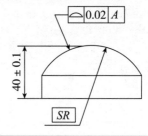

图 4-93　面轮廓度

PC-DMIS 软件在轮廓度评价中提供了 ISO 1101 和 ASME Y14.5 两个标准。后者多适用于北美地区。

采用这两个标准计算测量值的区别如下：

（1）ISO 1101（带基准和不带基准计算方式相同）：使用最大偏差的两倍来计算测量值。

（2）ASME Y14.5（带基准和不带基准计算方式相同）：

1）轮廓度的最大值和最小值位于理论轮廓两侧时，以最大值和最小值的差作为测量值。

2）轮廓度的最大值和最小值位于理论轮廓同侧时，以最大值和最小值的绝对值极值作为实测值，如图 4-94 所示。

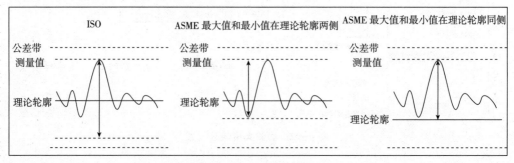

图 4-94　面轮廓度图

2. 面轮廓度报告图形分析

PC-DMIS 软件可以通过高级菜单中"报告图形分析"直接输出 PDF 报告，用于测点偏差详情查阅，如图 4-95 所示。

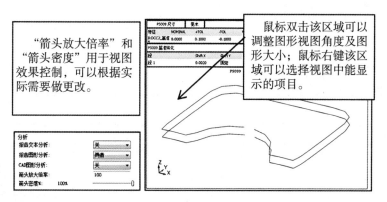

图 4-95　面轮廓度报告图形分析

5. 圆柱度尺寸 CY004 评价

FCF 圆柱度尺寸评价见表 4-6。

表 4-6　FCF 圆柱度尺寸评价

符号	尺寸	描述	标称值	上极限偏差	下极限偏差
⌭	CY004	FCF 圆柱度	0	0.1	0

关联元素为 H2001~H2004。

执行"插入"→"尺寸"→"圆柱度"命令，插入圆柱度评价命令，如图 4-96 所示。

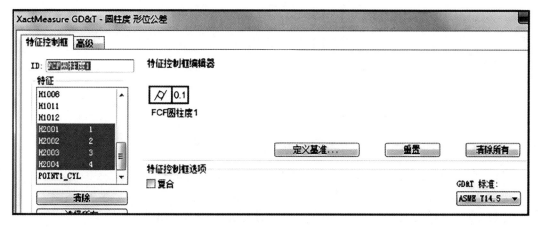

图 4-96　圆柱度公差设置

圆柱度评价为形状公差评价项目，GD&T 标准选择 ISO 1101 或 ASME Y14.5 都可以，不影响最终评价结果。圆柱度报告如图 4-97 所示。

FCF圆柱度1=圆柱度：H2001,H2002,H2003,...
特征圆框架显示参数=是,显示延伸=是
　　CAD图=关,报告图=关,文本=关,倍率=100.00,箭头密度=100,输出=两者,单位=毫米
　　标准类型=ASME_Y14_5
　　尺寸,圆柱度,0.1
　　注解,FCF圆柱度1
　　特征,H2001,H2002,H2003,H2004,,

FCF圆柱度1	毫米					⌭ 0.1	
特征	NOMINAL	+TOL	-TOL	MEAS	DEV	OUTTOL	
H2001	0.0000	0.1000		0.0884	0.0884	0.0000	
H2002	0.0000	0.1000		0.0884	0.0884	0.0000	
H2003	0.0000	0.1000		0.0884	0.0884	0.0000	
H2004	0.0000	0.1000		0.0884	0.0884	0.0000	

图 4-97　圆柱度报告

【报告输出】

操作步骤如下：

（1）执行"文件"→"打印"→"报告窗口打印设置"命令，弹出"输出配置"对话框，如图 4-98 所示。

图 4-98　"输出配置"对话框

（2）在"输出配置"对话框切换为"报告"选项卡（默认）。

（3）勾选"报告输出"复选框。

（4）方式选择"自动"，输出格式为"可移植文档格式（PDF）"。

（5）按 Ctrl+Tab 组合键切换至"报告"选项卡，单击打印报告按钮，在指定路径"D：\PC-DMIS\MISSION2"下生成测量报告。

注：该软件支持生成报告后同步在打印机上联机打印报告，只需要勾选"打印机"前的复选框，这时后面的"副本"选项激活，用于控制打印份数。

六、项目评价

项目四结束后，按三坐标测量机关机步骤关机，并将工件、量检具、设备归位，清理、整顿、清扫。

项目四完成后要求提交以下学习成果：组内分工表（附表 4-1）、检测工艺表（附表 4-2）、检测报告（每组提交一份）、组内评价表（附表 4-3）、项目四综合评价表（附表 4-4），以及学习总结，具体表格见附件四。

七、习题自测

（一）单项选择题

1. 图 4-99 中 A 基准是指（   ）。

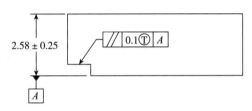

图 4-99　单项选择题 1

  A. 下表面　　　　　　　　　　　　B. 上表面

  C. 上下表面的中心平面　　　　　　D. 下表面或中心平面

2. 圆柱度公差可以同时控制（   ）。

  A. 圆度　　　　　　　　　　　　　B. 轴线对端面的垂直度

  C. 径向全跳动　　　　　　　　　　D. 同轴度

3. 平面的加工质量主要从（   ）两个方面来衡量。

  A. 平行度和垂直度　　　　　　　　B. 表面粗糙度和垂直度

  C. 平面度和表面粗糙度　　　　　　D. 平行度和平面度

4. 平行度公差被测特征和基准特征计算顺序互换时，下列描述正确的是（   ）。

  A. 结果一定相同　　　　　　　　　B. 结果等比例放大

  C. 结果等比例缩小　　　　　　　　D. 结果可能不同

5. 同轴度形位公差值前面加"ϕ"，则形位公差带的形状为（   ）。

  A. 圆柱形　　　　　　　　　　　　B. 两同轴圆柱

  C. 圆形或圆柱形　　　　　　　　　D. 两同心圆

6. 基准优先顺序的选择基于（　　　）。

    A. 零件的测量方法　　　　　　　　B. 零件的检具

    C. 零件在三坐标上的检测需要　　　D. 零件的设计和功能

7. 倾斜度计算，未说明的条件可认为是理想状态。某孔相对于基准平面的理论角度为 $60°$，孔的有效长度为 60 mm，实测角度为 $60.05°$，倾斜度误差是（　　　）。

    A. $\phi 0.052\text{ mm}$　　B. $\phi 0.105\text{ mm}$　　　C. $0.05°$　　　　　　D. $0.10°$

8. 若某轴一横截面内实际轮廓是由直径分别为 20.05 mm 与 20.03 mm 的两同心圆包容面形成最小包容区域，则该轮廓的圆度误差值为（　　　）mm。

    A. 0.02　　　　　　B. 0.01　　　　　　C. 0.015　　　　D. 0.005

9. 下面选项和图 4-100 的箭头所指几何公差的公差带形状相同的是（　　　）。

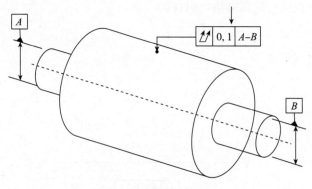

图 4-100　单项选择题 9

    A. 圆柱度　　　　　　　　　　　　B. 加 ϕ 直线度

    C. 垂直度　　　　　　　　　　　　D. 圆度

10. 关于机械坐标系的描述，下面说法正确的是（　　　）。

    A. 机床特有的无须建立就存在的

    B. 开机后通过机床三轴回零，建立了坐标原点后建立起来的坐标系

    C. 通过软件设定的坐标系

    D. 3-2-1 法原理建立起来的坐标系

11. （　　　）公差的公差带，形状是唯一的。

    A. 直线度　　　　　　　　　　　　B. 垂直度

    C. 同轴度　　　　　　　　　　　　D. 平行度

12. 形状公差一般来说（　　　）位置公差。

    A. 大于　　　　　　B. 小于　　　　　　C. 等于

13. （　　　）形位公差可以没有基准。

    A. 平面度　　　　　　　　　　　　B. 平行度

    C. 垂直度　　　　　　　　　　　　D. 倾斜度

14. 不属于定向公差的是（　　　）。

    A. 平行度　　　　　　　　　　　　B. 垂直度

    C. 倾斜度　　　　　　　　　　　　D. 直线度

（二）多项选择题

影响测量结果的因素有（　　　）。

A. 测量间的温度

B. 零件是否恒温处理

C. 测头校验正确性

D. 零件基准选取是否正确

E. 工件装夹方式

F. 手动测量时的人为误差

G. 设备自身

（三）判断题

1. 当自动测量内圆锥时，该特征矢量方向是由小圆指向大圆。（　　　）

2. 在三坐标测量过程中，数据采集的准确性，通过手动测量是很难保证的，只有通过自动运行之后才能得到相对准确的测量数据。（　　　）

3. 2D 距离尺寸评价时需要首先设定合适的工作平面。（　　　）

八、学习总结

通过本项目的学习，了解了发动机缸体零件的测量，使用自动测量命令完成零件的自动检测，经历了测针配置及校验、零件装夹、坐标系建立、自动测量、尺寸评价等一系列测量步骤。重点是发动机缸体零件的检验工艺的设计和 CAD 模型的导入，难点是扫描的应用。请对本项目进行学习总结并阐述学完本项目课程的收获及感受。

_____

_____

_____

附件四

附表 4-1　组内分工表

组名	项目组长	成员	任务分工
第（　）组	（　　　） 教师指派或小组推选	组员 1：	
		组员 2：	
		组员 3：	
		组员 4：	
		组员 5：	

说明：建立工作小组（4~5 人），明确工作过程中每个阶段的分工职责。小组成员较多时，可根据具体情况由多人分担同一岗位的工作；小组成员较少时，可一人身兼多职。小组成员在完成任务的过程中要团结协作，可在不同任务中进行轮岗。

附表4-2　检测工艺表

公司/学校						
零件名		检验员		环境温度		
序列号		审核员		材料		
修订号		日期		单位		
检验设备		技术要求				
序号	装夹形式	测针型号	检测序号	测针角度		
1				A：		B：
2				A：		B：
3				A：		B：
4				A：		B：
5				A：		B：
6				A：		B：
7				A：		B：
8				A：		B：

附表4-3　组内评价表

被考核人		考核人	
项目考核	考核内容	参考分值	考核结果
素质目标考核	遵守纪律	5	
	6S 管理	10	
	团队合作	5	
知识目标	多角度测针的校验	10	
	操纵盒功能应用	10	
	坐标系的建立	10	
	距离评价	10	
能力目标	测针选择的能力	10	
	检测工艺制定的能力	10	
	尺寸检测的能力	20	
总分			

附表4-4　项目四综合评价表

1（工艺）	2（检测报告）	3（组内评价）	4（课程素养）	总成绩	组内排名

项目五　立板零件的自动测量

项目梳理

项目名称	项目节点	知识技能（任务）点	课程设计	学时
项目五　立板零件的自动测量	一、项目计划	布置检测任务	课前熟悉图纸，完成组内分工（附表5-1）	4
	二、项目分析	1. 分析检测对象	课中讲练结合	
		2. 分析基准		
	三、项目决策	1. 确定零件装夹		
		2. 确定测针及测角		
		3. 根据测角规划检测工艺	课后提交检测工艺表（附表5-2）	
	四、项目实施	1. 测针校验及 CAD 数模导入	课前复习建立坐标系的方法。课中讲练结合	2
		2. 坐标系的建立		2
		3. 自动测量		2
	五、项目结论	1. 尺寸评价	课程素养，检测过程要严谨细致、一丝不苟，培养强烈的质量意识	4
		2. 报告输出	课中讲练结合。课程素养，质检员不能擅自更改检测结果，严守职业道德。课后提交检测报告单	
	六、项目评价	1. 保存程序、测量机关机及整理工具	课后提交组内评价表（附表5-3）、项目五综合评价表（附表5-4）	
		2. 组内评价及项目五综合评价		

　　项目五成果：项目完成后要求提交组内分工表（附表5-1）、检测工艺表（附表5-2）、检测报告（每组提交一份）、组内评价表（附表5-3）、项目五综合评价表（附表5-4），以及学习总结，见附件五。

一、项目计划

课前导学

教师给学生布置任务，学生通过网络学习平台了解检测任务，熟悉图纸，了解被测要素及基准。

【布置检测任务】

现某检测大赛需要对立板零件进行检测，工件的检测任务（工件检测尺寸见表5-1，工件图纸如图5-1所示）是检测立板零件加工是否合格，要求如下：

（1）按尺寸名称、实测值、公差值、超差值等方面，测量零件并生成检测报告，并以PDF文件输出。

（2）测量任务结束后，检测人员打印报告并签字确认。

表5-1　工件检测尺寸

序号	尺寸	描述	标称值	上极限偏差	下极限偏差	测定值	偏差	超差
1	DF001	尺寸直径 CYL1	55	0.05	−0.05			
2	CO002	FCF 同轴度 CYL2，CYL1（DatumD），CYL4（DatumF）	0	0.04	0			
3	D003	尺寸 2D 距离（F001，F002）	5	0.2	−0.2			
4	P004	FCF 位置度（DatumA，DatumB，DatumC）	0	0.1 Ⓜ	0			
5	DF005	尺寸直径 CYL5	60	0.05	−0.05			
6	A006	尺寸 2D 角度（CONE_A006）	46°	0.1°	−0.1°			
7	D007	尺寸 2D 距离（CYL2，DatumA）	49	0.04	−0.04			
8	FL008	FCF 平面度（F003）	0	0.1	0			
9	PA009	FCF 平行度（F004，DatumA）	0	0.1	0			
10	SY010	FCF 对称度（PLN_SY010_1，PLN_SY010_2）	0	0.1	0			
11	A011	尺寸 2D 角度（CONE_A011）	40°	0.1°	−0.1°			
12	D012	尺寸 2D 距离（CYL6，CYL7）	38	0.05	−0.05			
13	P013	FCF 位置度（DatumA，DatumB，DatumC）	0	0.1	0			

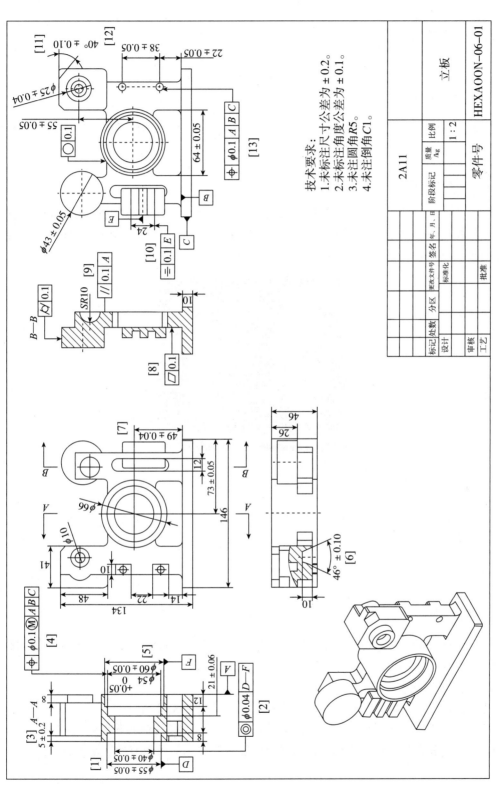

技术要求：
1.未标注尺寸公差为±0.2。
2.未标注角度公差为±0.1。
3.未注圆角R5。
4.未注倒角C1。

	阶段标记	质量 /kg	比例		HEXAOON-06-01
			1:2		
2A11				零件号	立板
标记 处数 分区 更改文件号 签名 年,月,日					
设计					
审核 工艺	标准化		批准		

图 5-1 工件图纸

项目五 立板零件的自动测量

二、项目分析

【分析检测对象】

根据"项目计划"环节布置的检测任务，认真读图，理解零件结构，确定图中被测要素及公差。

【分析基准】

根据"项目计划"环节布置的检测任务，认真读图，理解零件结构，确定图中基准。分析基准尤为重要，之后会利用基准建立检测的坐标系。根据图纸可知，立板零件基准为基准平面 A、B、C，如图 5-2 所示。

图 5-2　零件基准

三、项目决策

【确定零件装夹】

为了保证一次装夹完成所有要求尺寸的检测，本案例推荐将零件正向装夹方案，零件相对测量机姿态参考图 5-3~图 5-5。

1. 装夹姿态分析

（1）确认零件待检测特征具体分布位置，保证测量中无遮挡。

（2）由于该零件底面没有需要检测的特征，因此推荐将底面朝下装夹。

（3）零件装夹时需要适当抬高，这样测座旋转为水平后可以有效保证行程。

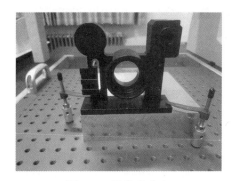

图 5-3　零件的装夹

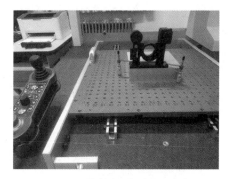

图 5-4　零件相对测量机姿态

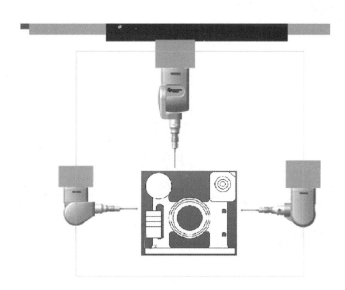

图 5-5　零件装夹姿态分析

2. 硬件配置准备

（1）确认测量机行程。根据测量机 Global Advantage 5、7、5 三个轴向的行程及零件外形尺寸的比对，该测量机可以满足测量需求。

从零件外形尺寸可以看出，坐标测量机的行程是完全满足的，只要在安放零件时保证在机台的中心位置就可以了。

（2）配置测头传感器。HH-A-T5 测座；HP-TM-SF 触发式测头。

【确定测针及测角】

（1）测针：2BY40 mm。

（2）测针选型推荐：

1）测针长度：根据零件特征分布及所需测量的尺寸范围，可以判断 2BY40 mm 的测针满足测量需求。

2）测针直径：本案例 2BY40 mm 的测针可以满足要求。

3）添加测头角度："A90B0""A-90B0"。

按照前面项目的方法重新校验测针；校验完毕后确认校验结果，如果不满足需求，则必须重新检查原因并校验。

【根据测角规划检测工艺】

基于上述步骤，可以在同一角度下检测完所有被测要素后，再更换另一角度，从而规划出检测顺序，制定出检测工艺，并填写附表 5-2 检测工艺表。

小组进行方案展示，其他小组对该方案提出意见和建议，完善方案。

本小组确定检测方案的依据是零件装夹方式、检测顺序、测针型号、测针角度。

四、项目实施

【参数设置】

（1）打开软件后新建程序，输入零件名称，如图 5-6 所示。

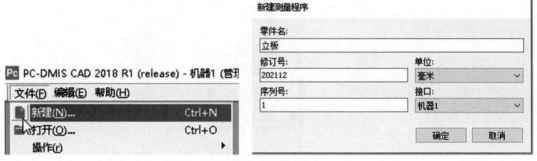

图 5-6　新建程序

（2）工件找正。锁定 Y 轴及 Z 轴，将测针接近基准平面 A，保持微小距离，从基准 A 平面一端走到另一端，观察距离变化，并调整距离，如图 5-7 所示。

图 5-7　找正基准平面 A

注意：此案例在找正工件时可用肉眼观察距离大小并调整，如有细小孔径及特殊结构的工件，还可以通过打点的方式找正工件。

【导入 CAD 数模】

（1）执行"文件"→"导入"→"选择相应的格式"命令，如图5-8所示。

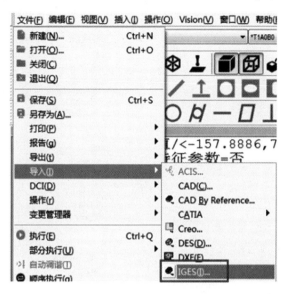

图 5-8　文件导入

（2）选择指定路径 D：\ PC-DMIS \ 立板零件 . IGS，数模导入完成。

（3）部分类型的数模文件需单击"处理"按钮，待处理结束后单击"确定"按钮完成，如图5-9所示。

图 5-9　"处理"对话框

（4）"操作"菜单下，执行"图形显示窗口"→"选择"命令。选择 X 轴，输入 90°角，单击"确定"按钮，将数模调整到适合的角度，进行后续的坐标系建立过程，如图 5-10~图 5-12 所示。

图 5-10　图形转换菜单　　　　　　　　图 5-11　"CAD 转换"对话框

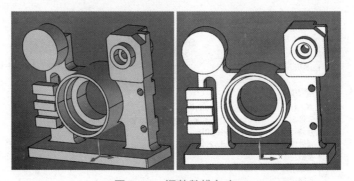

图 5-12　调整数模角度

知识拓展

　　测针是三坐标测量机测头系统的组成部分，主要用来触测工件表面，通过测头的机械装置移位，产生信号触发并采集测量数据。现在市场上应用最广泛的是红宝石材质的测针。根据不同形状零件特征的测量需求，测针形状也分为多种类型（图 5-13）。

1. 球形测针

球形测针（图 5-14）适用于尺寸、形位、坐标测量等大多数检测应用场合。球直径一般为 0.3~8.0 mm，材料主要使用硬度高、耐磨性强的工业用红宝石。其是应用最广泛的测针类型。

图 5-13　各类测针　　　　　图 5-14　球形测针

2. 星形测针

星形测针（图 5-15）由四个或五个红宝石测球系统牢固地安装在一个不锈钢星形测针座上，这类测针可用于测量各种不同的形体结构，是针对复杂形体和孔的多测尖检测；其校正运用多个测头，所以可以使测头活动最小化，并测量旁边面的孔或槽等；运用和球形测针一样的办法进行校正。

图 5-15　星形测针

3. 柱形测针

柱形测针（图 5-16）应用于柱形的旁边面，测量薄断面间的尺寸、曲线形状或加工的孔等；只对柱形的断面偏向的测量有用，轴偏向上测量状况不良（圆柱形的底部加工成和柱形轴齐心的球容貌时，在轴偏向上的测量也有用）；运用柱形测针测量高度时，柱形轴和三坐标测量机轴要一致（最好在统一断面内进行测量），如图 5-17 所示。

图 5-16　柱形测针　　　　　图 5-17　柱形测针应用

4. 盘形测针

盘形测针（图5-18）是指在球的中间邻近截断做成的盘形状的测头；盘形断面的形状由于是球，所以校正原理与球形测头相同；应用外侧直径局部或厚度局部进行测量；应用于星形测针无法触及的孔、内退刀槽和凹槽，如瓶颈面间的尺寸、槽的宽度或形状等；应用环规校正较方便，如图5-19所示。

图 5-18　盘形测针

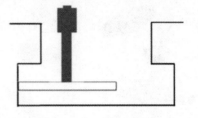

图 5-19　盘形测针应用

5. 专用测针

专用测针用于螺纹牙型、薄截面材料、对刀和其他专用的测量场合。

6. 尖测针

普通的 X、Y 测量时不运用尖测针。其用于测量精度低的螺钉槽、标示的点或裂纹划痕等；比起运用具有半径的点式测头的状况，能够精细地进行校正，可用于测量十分小的孔等；专用于螺纹牙型、特定点及刻划线的检测。

图 5-20　陶瓷空心球形测针

7. 陶瓷空心球形测针

陶瓷空心球形测针（图5-20）是检测 X、Y 和 Z 向深位特性和孔的理想选择，只需要标定一个球；也可用于外表粗糙工件的测量。

【测针校验】

（1）配置测头：调用项目三测头文件。
（2）添加角度："A-90B0""A90B90""A90B0"。
（3）按照前面项目的方法重新校验测针。
（4）校验完毕后确认校验结果。

【建立手动坐标系】

1. 坐标系分析

确定坐标系建立基准（图5-21），工件基准有基准平面 A、基准平面 B、基准平面 C，如图5-22所示。

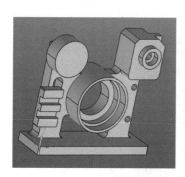

图 5-21　零件坐标系

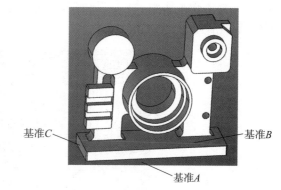

图 5-22　基准平面 A、基准平面 B、基准平面 C

（1）基准平面 A 上采集 3 个测点，测得平面 1 可以确定 $Y-$ 方向，同时限制了 Y 方向的平移、X 轴的旋转、Z 轴的旋转。

（2）基准平面 B 上采集 2 个测点，两点连线可以确定 $X+$ 方向，并限制了 Y 轴的旋转和 Z 轴的平移。

（3）基准平面 C 上采集 1 个测点，限制了 X 方向的平移。

此时零件被 6 个自由度控制。

2. 具体操作步骤

（1）手动测量主找正平面，选择程序模式，如图 5-23 所示。

图 5-23　选择程序模式

（2）测针切换为测尖/T1A-90B0，使用鼠标左键在数模基准平面 A 点取三个合适位置（图 5-24），按操纵盒确认键，在软件中得到"平面 1"的测量命令。

（3）插入新建坐标系 A1，使用平面 1"找正""Y 负"，并使用该平面将 Y 轴置零，如图 5-25 所示。

图 5-24　主找正平面 1 的测量

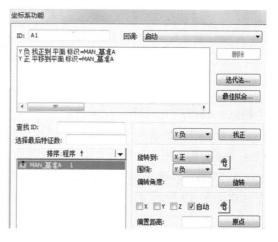

图 5-25　坐标系 A1 的建立

（4）切换工作平面为"Y负"，使用鼠标左键在数模的基准平面 B 上从左至右采集 2 个测点，测得直线 1，如图 5-26 所示。

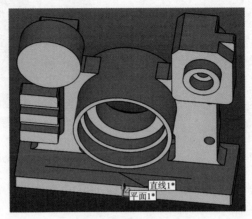

图 5-26　直线 1 的测量

（5）插入新建坐标系 A2，点选"直线 1""围绕""Y负"，"旋转到""X正"；点选"直线 1"将 Z 轴置零，如图 5-27 所示。

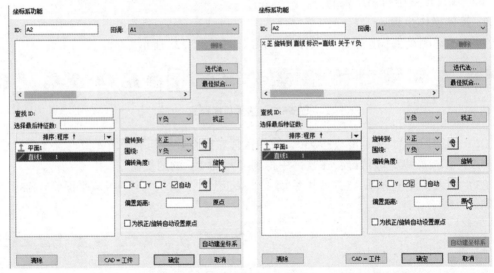

图 5-27　坐标系 A2 的建立

（6）使用鼠标左键，在数模的基准平面 C 上采集 1 个测点，测得点 1，如图 5-28 所示。

注意：在采集测点时，由于采用的角度是 A90B180 或 A-90B0 角，采点位置要考虑到测针的有效长度。

（7）插入新建坐标系 A3，点选"点 1"将 X 轴置零，如图 5-29 所示。

图 5-28　点 1 的测量

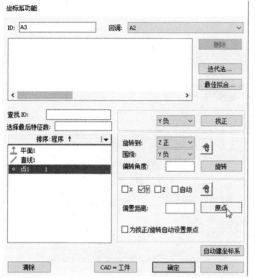
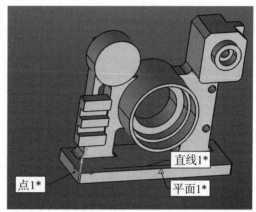

图 5-29　坐标系 A3 的建立

（8）按 Ctrl+Q 组合键运行测量程序，使用操纵盒按照执行窗口消息提示完成测点采集，手动坐标系就在工件上建立完成。

（9）使用操纵盒移动测量机，通过查看读数窗口（Ctrl+W 组合键）的方法来检查零件坐标系的零点及各轴向是否正确，如图 5-30 所示。

图 5-30　查看读数窗口

【建立自动坐标系】

自动精建坐标系步骤如下：

（1）将模式切换为 DCC 模式（Alt+Z 组合键），在安全位置添加必要的移动点（或按 Ctrl+M 组合键）。

注意：在进行下一步采点之前一定要将测针移动到上一步最后采点的位置，在此处插入移动点，否则运行程序会发生碰撞。

（2）结合 CAD 模型用鼠标在基准平面 A 上点选 4 个测点，测得平面 2，按 End 键结束测量，如图 5-31 所示。

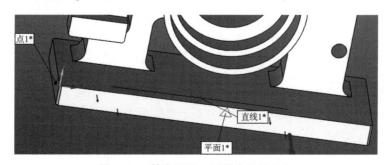

图 5-31　基准平面 A 测量点位置示意

（3）结合 CAD 模型用鼠标在基准平面 B 上从左至右点选 2 个测点，测得直线 2，按 End 键结束测量，如图 5-32 所示。

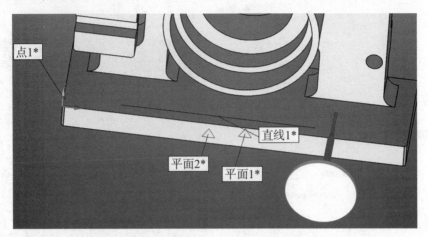

图 5-32　基准平面 B 上直线 2 的采点位置示意

（4）结合 CAD 模型用鼠标在基准平面 C 上采集 1 个测点，测得点 2，按 End 键结束测量，如图 5-33 所示。

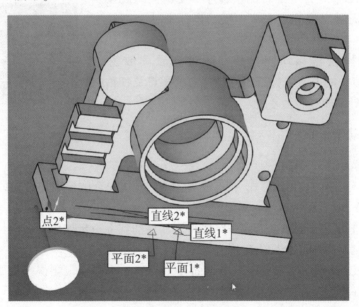

图 5-33　基准平面 C 上点 2 的采点示意

（5）按手动建立坐标系的方式建立自动坐标系 A4。

（6）从自动命令处按 Ctrl+U 组合键运行测量程序，完成自动零件坐标系的建立。精建坐标系完成后。其零点及各轴指向如图 5-34 所示。

注意：自动运行时，一定要考虑上一条命令测针所在位置，调整到该位置附近再执行命令，否则会发生碰撞。

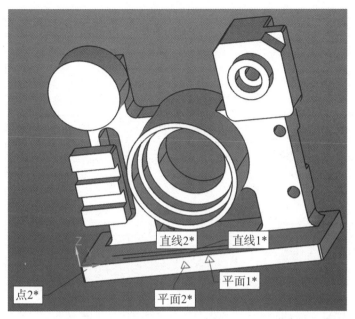

图 5-34　自动精建坐标系

【自动测量】

根据测量要求制定检测顺序，见表 5-2。

表 5-2　检测顺序

角度		A90B180 或 A-90B0	A90B0
检测对象描述	基准 *B*、基准 *C* 的两个平面（DatumB，DatumC）	【1】孔
	【4】孔	【2】孔
	【5】孔	【3】孔端面及平面
	【8】平面	【6】内圆锥
	【10】作为基准的两平面及两组点	【9】平面
	【11】被测平面及斜面	
	【12】两小孔	

序号	尺寸	描述	标称值	上极限偏差	下极限偏差	测定值	偏差	超差
1	DF001	尺寸直径 CYL1	55	0.05	−0.05			
2	CO002	FCF 同轴度 CYL2，CYL1（DatumD），CYL4（DatumF）	0	0.04	0			
3	D003	尺寸 2D 距离（F001，F002）	5	0.2	−0.2			

序号	尺寸	描述	标称值	上极限偏差	下极限偏差	测定值	偏差	超差
4	P004	FCF 位置度 （DatumA，DatumB，DatumC）	0	0.1 Ⓜ	0			
5	DF005	尺寸直径 CYL5	60	0.05	−0.05			
6	A006	尺寸 2D 角度 （CONE_A006）	46	0.1	−0.1			
7	D007	尺寸 2D 距离 （CYL2，DatumA）	49	0.04	−0.04			
8	FL008	FCF 平面度 （F003）	0	0.1	0			
9	PA009	FCF 平行度 （F004，DatumA）	0	0.1	0			
10	SY010	FCF 对称度 （PLN_SY010_1，PLN_SY010_2）	0	0.1	0			
11	A011	尺寸 2D 角度 （CONE_A011）	40	0.1	−0.1			
12	D012	尺寸 2D 距离 （CYL6，CYL7）	38	0.05	−0.05			
13	P013	FCF 位置度 （DatumA，DatumB，DatumC）	0	0.1	0			

以下测量选用测头角度为 A90B180 或 A-90B0。

1. 测量基准平面 *B* 和基准平面 *C*

由于采用的是自动测量，所以在进行测量前一定要考虑移动点，明确前一点的位置，设置合理的移动点。

注意：建议大家每做一个程序前进行"三看一想"，即看测头角度，看工作平面，看光标位置；想测针位置，以便设置合理的移动点。

激活程序模式，在基准平面 *B* 上采集 4 个测点，测得平面 3。

设置移动点，在基准平面 *C* 上采集 4 个测点，测得平面 4。

2. 尺寸【4】P004 孔的测量

插入自动圆柱命令，选择尺寸【4】所在的圆柱孔，测得柱体 1，如图 5-35 所示。

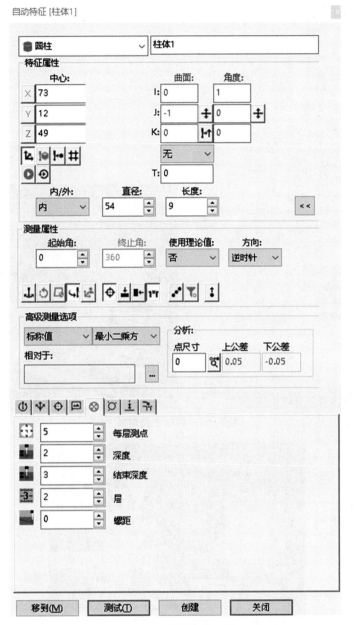

图 5-35　柱体 1 的测量

3. 尺寸【5】DF005 孔的测量

插入自动圆柱命令，选择尺寸【5】所在的圆柱孔，测得柱体 2。

注意：柱体 2 为后面圆柱度中的基准 *F*，如图 5-36 所示。

4. 尺寸【8】FL008 平面的测量

在如图 5-37 所示的平面内用鼠标左键，在数模上采集 4 个测点，单击 "确定" 按钮，生成平面 5。

注意：在采点前要设置好移动点，同时注意采点位置，防止测头与大圆柱外端碰撞。

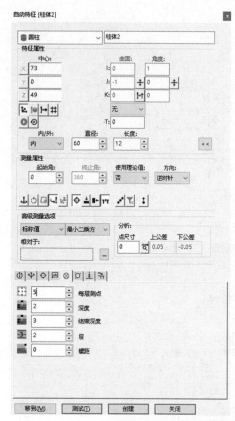

图 5-36   柱体 2 的测量

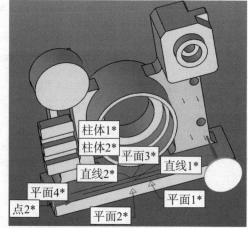

图 5-37   FL008 平面（平面 5）的测量

5. 尺寸【10】SY010 对称度尺寸的测量

（1）测量构成基准 E 的两小平面——平面 6 和平面 7，这两个平面的中分面即评价对称度的基准 E，如图 5-38 所示（构造中分面的方法在后面尺寸评价时具体介绍）。

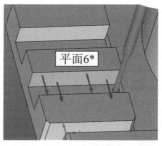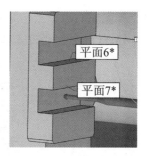

5

图 5-38　平面 6、平面 7 的测量

（2）在被测两平面上按顺序分别采集四个测点（共两组）。在下表面上按顺序采集四个测点，生成点 3、点 4、点 5、点 6，如图 5-39 所示。

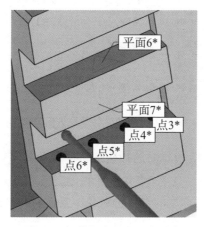

图 5-39　按顺序采集 4 个测点

在左侧编辑区域内选取四个测点的程序，复制、粘贴，生成同名的四个测点程序，将同名的四个测点按顺序重新命名为点 7、点 8、点 9、点 10，如图 5-40 所示。

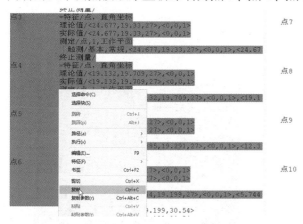

图 5-40　复制程序并重命名

项目五　立板零件的自动测量

　　由于新生成的四个点与原来四个点在 Z 方向上高度不同，矢量方向不同，所以需要将点 7、点 8、点 9、点 10 的 Z 轴坐标值增加 24，并将矢量方向改为（0，0，-1），如图 5-41 所示。

```
点7          =特征/点，直角坐标
             理论值/<24.677,19.33,51>,<0,0,-1>
             实际值/<24.677,19.33,51>,<0,0,-1>
             测定/点,1,工作平面
                触测/基本,常规,<24.677,19.33,51>,<0,0,-1>,<24.6
             终止测量/
点8          =特征/点，直角坐标
             理论值/<19.132,19.709,51>,<0,0,-1>
             实际值/<19.132,19.709,51>,<0,0,-1>
             测定/点,1,工作平面
                触测/基本,常规,<19.132,19.709,51>,<0,0,-1>,<19.
             终止测量/
点9          =特征/点，直角坐标
             理论值/<12.385,19.291,51>,<0,0,-1>
             实际值/<12.385,19.291,51>,<0,0,-1>
             测定/点,1,工作平面
                触测/基本,常规,<12.385,19.291,51>,<0,0,-1>,<12.
             终止测量/
点10         =特征/点，直角坐标
             理论值/<5.744,19.199,51>,<0,0,-1>
             实际值/<5.744,19.199,51>,<0,0,-1>
             测定/点,1,工作平面
                触测/基本,常规,<5.744,19.199,51>,<0,0,-1>,<5.74
             终止测量/
```

图 5-41　更改坐标值及矢量方向

　　改完后生成新点如图 5-42 所示。选择构造特征组命名 ![icon] ，弹出构造特征集合命令，在右侧列表中按顺序点选点 3、点 7、点 4、点 8、点 5、点 9、点 6、点 10，以及创建出扫描 1 特征（该扫描 1 特征即对称度的被评价对象，具体对称度的评价方法在后面尺寸评价中讲解）。

6. 尺寸【11】A011，2D 角度两平面的测量

　　用鼠标左键在 CAD 模型上采点分别测得平面 8 及平面 9，如图 5-43 所示。

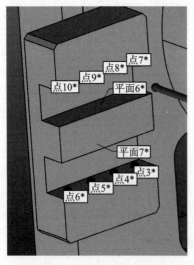

图 5-42　复制后的四个新点

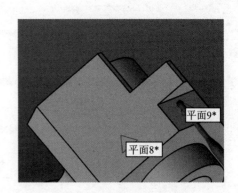

图 5-43　平面 8、平面 9

7. 尺寸【12】D012 两圆柱孔的测量

在模型上选择如图 5-44 所示的孔，按图中参数进行圆柱 3、圆柱 4 的自动测量，生成柱体 3、柱体 4。

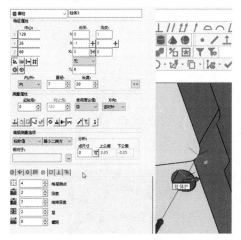
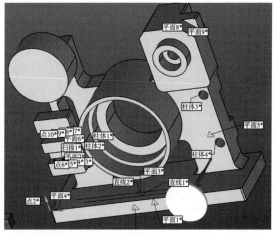

图 5-44　柱体 3、柱体 4 的测量

至此，A90B180（或 A-90B0）角度下所有被测对象已测量完成，即将调到 A90B0 的角度进行测量。

重要提示：在更改角度之前，一定要通过移动点的设置，将测头调至安全位置，再插入更改角度命令，再设置移动点到下一测量位置。

8. 尺寸【1】DF001 圆柱孔直径尺寸的测量

在模型上选择 DF001 圆柱孔，按图 5-45 进行自动圆柱的测量，测得柱体 5。

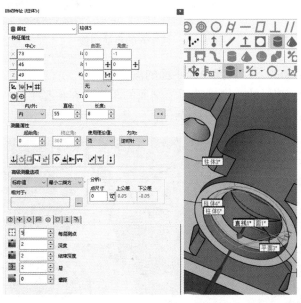

图 5-45　柱体 5 的自动测量

提示：该柱体（柱体5）即后面同轴度评价时的基准D。

9. 尺寸【2】CO002，同轴度的被测圆柱孔的测量

在模型上选择如图5-46所示的圆柱孔，进行自动圆柱的测量，测得柱体6。

提示：同轴度中的另外一基准F为前面第三步测得的柱体2。具体圆柱度的评价在后面尺寸评价中介绍。

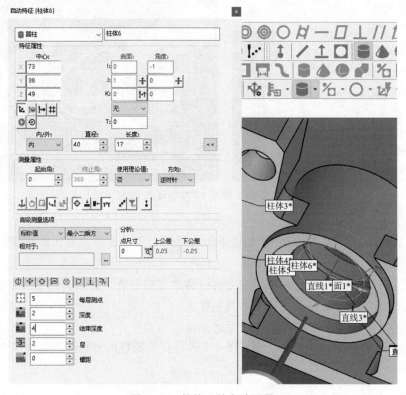

图5-46　柱体6的自动测量

10. 尺寸【3】D003，2D距离中两平面的测量

从图5-47可知，该尺寸为圆柱端面及侧面的距离，在模型上采点测得平面10、平面11。其中平面10为圆柱端面，平面11为侧面。

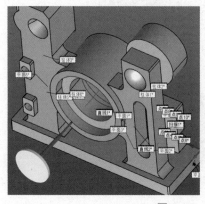
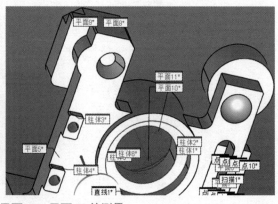

图5-47　平面10、平面11的测量

11. 尺寸【6】A006，圆锥角的测量

选择如图 5-48 所示的圆锥，按图 5-48 所示的参数进行圆锥的自动测量，测得圆锥 1。

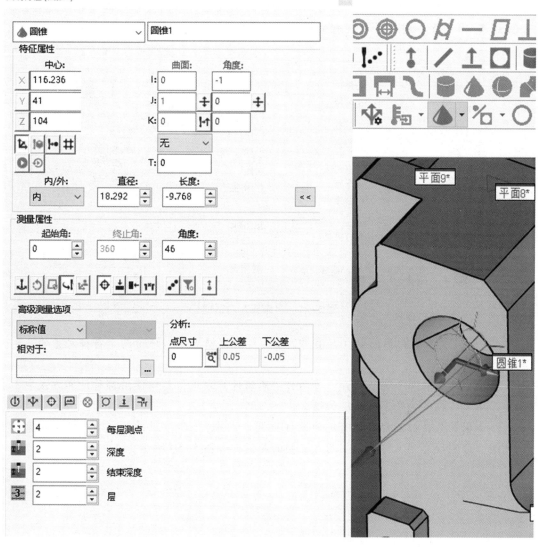

图 5-48　圆锥的自动测量

🔄 **知识拓展**

"距离"，简单来说，就是两个特征元素的间距，受空间维度、方向和特殊属性的限制，距离分类有多种方法。

1. 二维距离

所谓二维距离，就是将特征元素投影到所选择平面上所得到的距离，在PC-DMIS软件中设置不同的工作平面就相当于设定了投影平面，在设定工作平面后，选中"距离类型"为"2维"，再选择相应的参数进行不同要求的二维距离评价，如图5-49所示。对"关系"栏的内容进行分析。

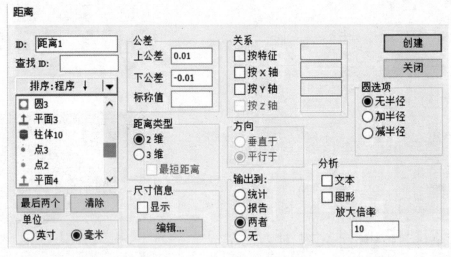

图5-49　"距离"对话框

（1）"关系"栏不选取（只有"2维"可用）情况下，评价两个特征元素的二维距离。

按顺序选取两个特征元素，有两种不同的计算方式，具体使用哪种计算方式取决于第二特征元素是否具有延伸性。

如果第二特征元素不具有延伸性（如圆、点等），二维距离是这两个特征元素的质心分别投影到工作平面上两点之间的距离，如图5-50所示。

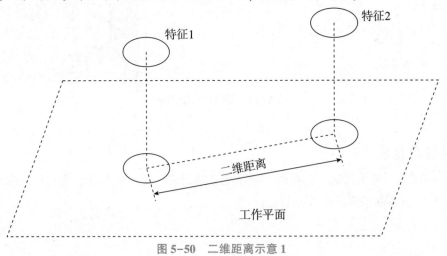

图5-50　二维距离示意1

如果第二特征元素具有延伸性（如平面、直线等），第一特征元素仍按质心投影成单点，第二特征元素则投影成直线等，两特征元素二维距离就是投影点到投影线的垂直距离，如图 5-51 所示。

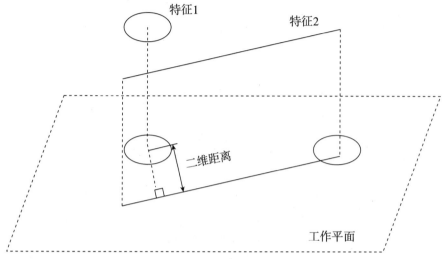

图 5-51　二维距离示意 2

（2）"关系"栏选取情况下（只有"2 维"可用），评价两个特征元素的二维距离。

在"关系"栏中选取"按特征"和"按坐标轴"的区别。

选中"按特征"选项，同时确定"方向"选项是"垂直于"或"平行于"，下面以"平行于"为例，按顺序选取两个特征元素（第二特征元素要具有延伸性），第一特征元素和第二特征元素分别投影到工作平面后，计算二维距离为两特征元素的质心投影在工作平面上且平行于第二特征元素投影线的距离，如图 5-52 所示。

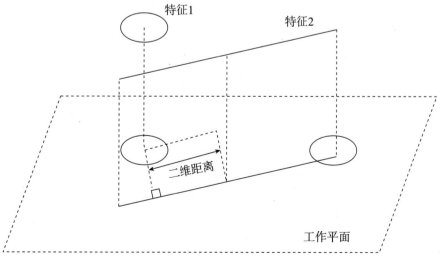

图 5-52　二维距离示意 3

选中"坐标轴"选项,下面"方向"以"平行于X轴"为例,选取两个特征元素,计算二维距离为两特征元素的质心投影在工作平面上且平行于选定坐标轴 X 的距离,如图5-53所示。

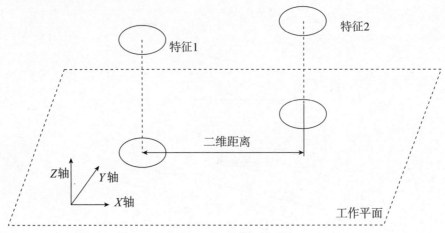

图 5-53   二维距离示意 3

2. 三维距离

三维距离就是两个特征元素在空间中的距离,不需要向任何平面投影。评价时选中"距离类型"中"3维",按顺序选取两个特征元素,有两种不同计算方式,具体使用哪种计算方式主要取决于第二特征元素是否具有延伸性。

如果第二特征元素不具有延伸性(如圆、点等),三维距离是这两个特征元素质心间的空间距离,如图5-54所示。

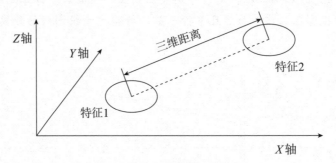

图 5-54   三维距离示意 1

如果第二特征元素具有延伸性(如平面、直线等),两个特征元素的三维距离就是第一特征元素的质心到第二特征元素的垂直距离,如图5-55所示。

在PC-DMIS 2010版本以后,增加了"最短距离"选项,第一特征元素具有延伸性时,第一特征将不按质心计算,而是以最接近第二特征元素的点来计算与第二特征元素的三维垂直距离,如图5-56所示。

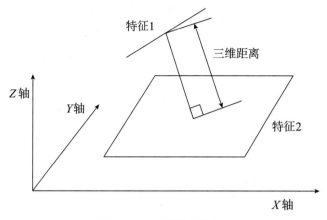

图 5-55　三维距离示意 2

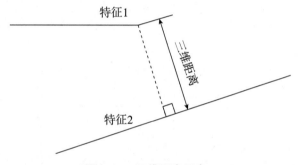

图 5-56　三维距离示意 3

五、项目结论

【尺寸评价】

知识链接

解读形位公差的发展史

国际上的通用语言，除"英语"外，还有一个小伙伴们可能不知道的，那就是"形位公差"，它是贯穿制造业设计、生产、品质管理等部门的国际通用"语言"。

1. "理想与现实的差距"

只要是我们制作的产品，无论用多精密的设备，无论做多大的努力，其尺寸和形状也是无法完全符合理论数值要求的。

我们把该相近程度用数值来表示，这就是形状公差和位置公差，简称"形位公差"。设计时，须将零件的形位公差按照规定的标准符号标注在图样上来传达信息。

2. 形位公差的标准化

随着全球化的发展，生产领域的国际分工与协作不断深化，然而各国之间相互联系存在困难及生产习惯不同，应该如何解决既提高生产精度，又确保互换性来降低成本的难题呢？形位公差的国际标准亟待统一。

形位公差的发展如图5-57所示。

1950年

工业化国家向ISO组织提出统一形位公差概念及文字表示方法的"ABC提案"

1969年

ISO组织正式发布形位公差标准ISO/R1101-Ⅰ:1969《形状和位置公差 第Ⅰ部分 概论、符号、图样表示法》

1978—1980年

ISO组织推荐了形位公差检测原理和方法；中国正式重新加入ISO组织，并于1980年颁布形状和位置公差基本标准

1996年

ISO组织成立了专门的ISO/TC213"产品几何技术规范(GPS)"技术委员会，负责形位公差及其图纸符号国际统一化工作。

图5-57　形位公差的发展

经过多国的长期共同努力，终于有了国际统一化的14项形位公差符号，见表5-3。

表5-3　形位公差符号

公差种类		特征项目	符号	有或无基准要求
形状公差	形状	直线度	——	无
		平面度	▱	无
		圆度	○	无
		圆柱度	⌀	无
形状或位置公差	轮廓	线轮廓度	⌒	有或无
		面轮廓度	⌓	有或无

续表

公差种类		特征项目	符号	有或无基准要求
位置公差	定向	平行度	//	有
		垂直度	⊥	有
		倾斜度	∠	有
	定位	位置度	⊕	有或无
		同轴（同心）度	◎	有
		对称度	═	有
	跳动	圆跳动	↗	有
		全跳动	↗↗	有

1. DF001 直径尺寸评价

尺寸直径 CYL1 评价见表 5-4。

表 5-4　尺寸直径 CYL1 评价

尺寸	描述	标称值	上极限偏差	下极限偏差	测定值	偏差	超差
DF001	尺寸直径 CYL1	55	0.05	−0.05			

（1）单击位置尺寸图标 ⊕，弹出"特征位置"对话框，如图 5-58 所示。

图 5-58　"特征位置"对话框

（2）选择柱体5，勾选"直径"选项，输入标称值及上下公差值。

（3）单击"创建"按钮完成柱体5的直径尺寸评价。

2. CO002 同轴度尺寸评价

（1）单击构造直线图标 ✏，弹出"构造线"对话框，在右侧列表中选择柱体2和柱体5，生成构造线直线3，该构造线即同轴度评价的基准 *DF*，如图5-59所示。

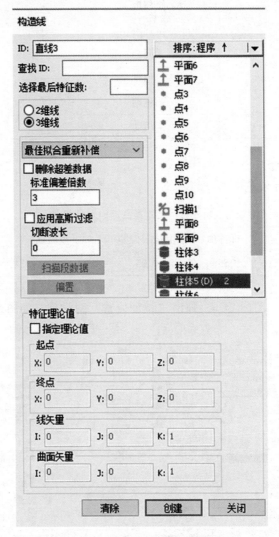

图 5-59　构造同轴度基准直线 3

（2）单击同轴度尺寸图标 ◎，弹出"同轴度"对话框，单击"定义基准"按钮，弹出"基准定义"对话框，点选右侧"直线3"，命名为 *DF*，单击"创建"按钮，即可创建同轴度评价的基准 *DF*，如图5-60所示。

（3）在"同轴度"对话框中，选择左侧列表中的"柱体6"，输入公差值"0.04"，并选择基准 *DF*，如图5-61所示。

（4）单击"创建"按钮，完成同轴度评价。

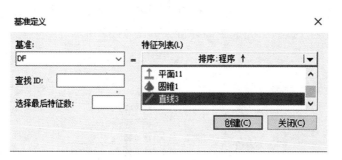

图 5-60　基准定义

图 5-61　同轴度评价

3. D003，2D 距离尺寸评价

（1）由于 2D 距离是二维尺寸，所以要考虑工作平面，将工作平面调整为 $X+$。

（2）单击距离尺寸图标，弹出"距离"对话框，在左侧列表中选择"平面 10""平面 11"，输入标称值、上公差、下公差，在"关系"栏中勾选"按 Y 轴"。

（3）单击"创建"按钮，完成距离评价，如图 5-62 所示。

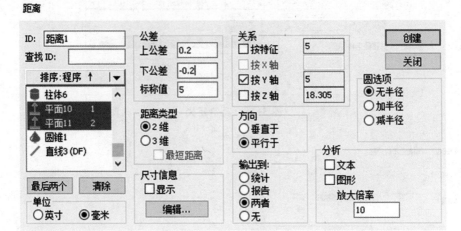

图 5-62　距离评价

4. P004 位置度尺寸评价

（1）单击位置度尺寸图标 ⊕，弹出"位置度"对话框。

（2）单击"定义基准"按钮，弹出"基准定义"对话框，完成基准 A、基准 B、基准 C 的建立，如图 5-63 所示。

（3）选择左侧的"柱体 1"，设置最大实体及公差尺寸，选择基准 A、B、C，如图 5-64 所示。

（4）单击"创建"按钮，完成位置度的创建。

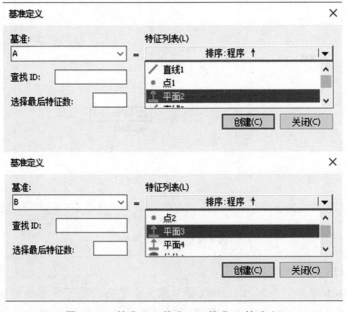

图 5-63　基准 A、基准 B、基准 C 的建立

图 5-64 基准 A、基准 B、基准 C 的建立（续）

图 5-65 位置度的创建

5. DF005 尺寸直径评价

（1）单击位置尺寸图标 ⊞ ，弹出"特征位置"对话框。

（2）在左侧列表中选择"柱体 2"，勾选"直径"，输入理论尺寸 60，上公差 0.05，下公差–0.05。

（3）单击"创建"按钮，完成圆柱直径尺寸的创建，如图 5-66 所示。

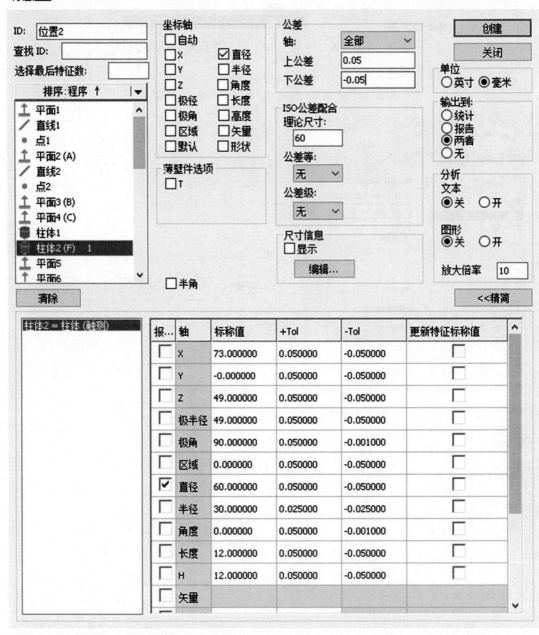

图 5-66　柱体 2 尺寸评价

6. A006，圆锥 2D 角度尺寸评价

（1）单击位置尺寸图标 🞣，弹出"特征位置"对话框。

（2）在左侧列表中选择"圆锥1"，勾选"角度"，输入理论尺寸46，上公差0.1，下公差-0.1。

（3）单击"创建"按钮，完成圆锥2D角度尺寸的创建，如图5-67所示。

图5-67　圆锥角度评价

7. D007，2D距离尺寸评价

（1）首先将工作平面调整到Y+。

（2）单击距离评价图标 ↔ ，弹出"距离"对话框，如图5-68所示。

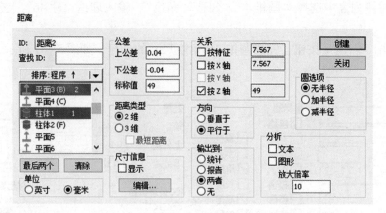

图 5-68　平面 3、柱体 1 的距离评价

（3）在左侧列表中选择"平面 3""柱体 1"，输入标称值 49，上公差 0.04，下公差 -0.04，勾选"按 Z 轴"选项。

（4）单击"创建"按钮，完成距离尺寸的创建。

8. FL008 平面度尺寸评价

（1）单击平面度评价图标▢，弹出"平面度 形位公差"对话框，如图 5-69 所示。

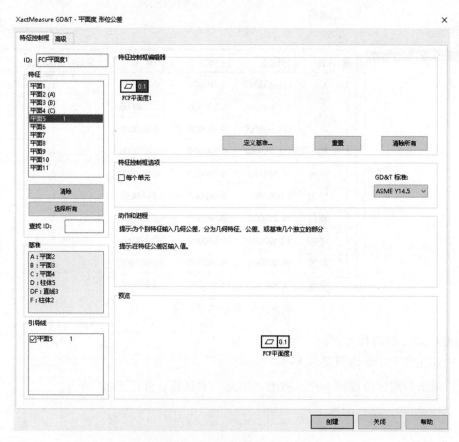

图 5-69　"平面度 形位公差"对话框

（2）在左侧列表中选择"平面5"，输入公差值0.1。

（3）单击"创建"按钮，完成平面度尺寸的创建。

9. PA009 平行度尺寸评价

（1）单击平行度评价图标 // ，弹出"平行度 形位公差"对话框，如图5-70所示。

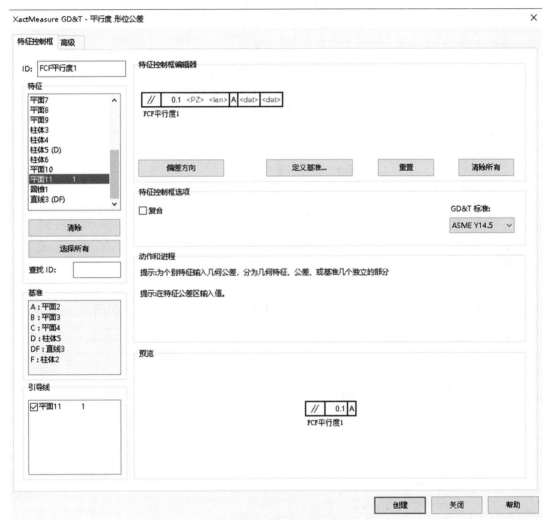

图5-70　"平行度 形位公差"对话框

（2）在左侧列表中选择"平面11"，输入公差值0.1，选择基准*A*。

（3）单击"创建"按钮，完成平行度尺寸的创建。

10. SY010 对称度尺寸评价

（1）选择构造平面 命令，弹出"构造平面"对话框。

（2）在右侧列表中选取"平面6"和"平面7"，左侧下拉菜单选择"中分面"，构造出中分面平面12，如图5-71所示。

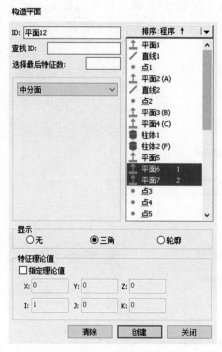

图 5-71 构造中分面

（3）单击对称度评价图标 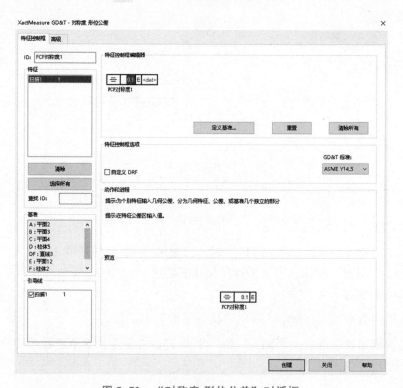，弹出"对称度 形位公差"对话框，如图 5-72 所示。

图 5-72 "对称度 形位公差"对话框

（4）单击"定义基准"按钮，弹出"基准定义"对话框，如图 5-73 所示。

（5）基准名称改为 E，右侧列表中选择"平面 12"，完成基准 E 的创建。

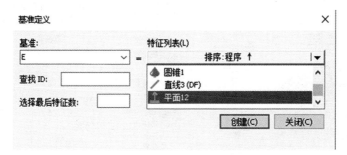

图 5-73　定义基准 E

（6）在对称度对话框中，左侧列表中选择"扫描 1"，特征控制框编辑器中选择基准 E，公差值改为 0.1。

（7）单击"创建"按钮，完成对称度尺寸的创建。

11. A011，2D 角度尺寸评价

（1）将工作平面调整到 $Y+$。

（2）单击角度评价图标 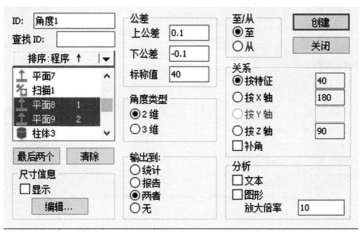，弹出"角度"对话框，如图 5-74 所示。

图 5-74　"角度"对话框

（3）在左侧列表中选择"平面 8""平面 9"，输入标称值 40，上公差 0.1，下公差 -0.1。

（4）单击"创建"按钮，完成角度尺寸的创建。

12. D012，2D 距离尺寸评价

（1）工作平面同样是 $Y+$。

（2）单击距离评价图标 |↔|，弹出"距离"对话框，如图 5-75 所示。

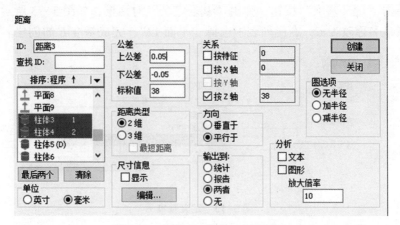

图 5-75　柱体 3、柱体 4 距离评价

（3）在左侧列表中选择"柱体 3""柱体 4"，输入标称值 38，上公差 0.05，下公差 -0.05，"关系""选择""按 Z 轴"。

（4）单击"创建"按钮，完成距离尺寸的创建。

13. P013，位置度尺寸评价

（1）单击位置度尺寸评价图标 ⊕，弹出"位置 形位公差"对话框，如图 5-76 所示。

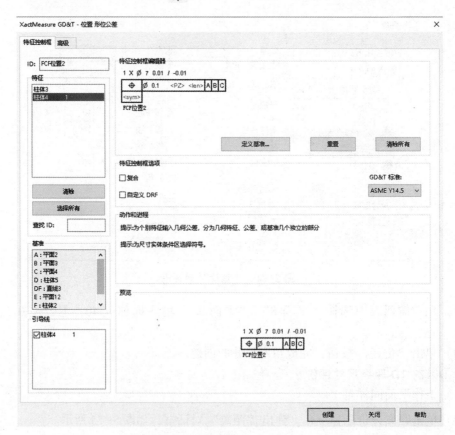

图 5-76　"位置度 形位公差"对话框

（2）在左侧选择"柱体4"，输入公差值0.1，选择基准A、基准B、基准C。

（3）单击"创建"按钮，完成位置度尺寸的创建。

小提示

　　检测的最终目的不是评判工件的合格与否，而是防患于未然，对质量进行有效预警和控制。

【报告输出】

操作步骤如下：

（1）执行"文件"→"打印"→"报告窗口打印设置"命令，弹出"输出配置"对话框，如图5-77所示。

图5-77　"输出配置"对话框

（2）在"输出配置"对话框切换为"报告"选项卡（默认）。

（3）勾选"报告输出"复选框。

（4）方式选择"自动"，输出格式选择"可移植文档格式（PDF）"。

（5）按Ctrl+Tab组合键切换为"报告"选项卡，单击打印报告按钮，在指定路径"D：\ PC-DMIS \ 立板件"下生成测量报告，如图5-78所示。

注：该软件支持生成报告后同步在打印机上联机打印报告，只需要勾选"打印机"前的复选框，这时后面的"副本"选项激活，用于控制打印份数。

Pc	号单位：	立证			十二月 03,2021	17:45
	编写号：	202112	序列号：	1	统计字座：	1

申	毫米	位置1·柱体5					
AX	NOMINAL	+TOL	-TOL	MEAS	DEV	OUTTOL	
自径	55.000	0.050	-0.050	55.011	0.011	0.000	

FCF同轴度	毫米			⊚ ⌀0.04 DF			
特征	NOMINAL	+TOL	-TOL	MEAS	DEV	OUTTOL	BONUS
柱体6	0.000	0.040		0.038	0.038	0.000	

←	毫米	距离1·平面10至平面11 (Y轴)					
AX	NOMINAL	+TOL	-TOL	MEAS	DEV	OUTTOL	
M	5.000	0.200	-0.200	5.088	0.088	0.000	

FCF位置1尺寸	毫米			⌀64 0.01/-0.01			
特征	NOMINAL	+TOL	-TOL	MEAS	DEV	OUTTOL	BONUS
柱体1	54.000	0.010	-0.010	54.015	0.015	0.005	0.020

FCF位置1位置	毫米			⊕ ⌀0.1 Ⓜ A B C			
特征	NOMINAL	+TOL	-TOL	MEAS	DEV	OUTTOL	BONUS
柱体1	0.000	0.100		0.366	0.366	0.246	0.020

FCF位置1 概要 拟和基准=开，垂直于中心线的偏差=开，使用轴=最差					
特征	AX	NOMINAL	MEAS	DEV	
柱体1（起点）	X	73.000	73.181	0.181	
	Z	49.000	48.972	-0.028	

申	毫米	位置2·柱体2					
AX	NOMINAL	+TOL	-TOL	MEAS	DEV	OUTTOL	
直径	60.000	0.050	-0.050	60.007	0.007	0.000	

申	毫米	位置3·圆锥1					
AX	NOMINAL	+TOL	-TOL	MEAS	DEV	OUTTOL	
角度	46.000	0.100	-0.100	46.056	0.056	0.000	

←	毫米	距离2·柱体1至平面3 (Z轴)					
AX	NOMINAL	+TOL	-TOL	MEAS	DEV	OUTTOL	
M	49.000	0.040	-0.040	48.970	-0.030	0.000	

FCF平面度	毫米			⌀ 0.1			
特征	NOMINAL	+TOL	-TOL	MEAS	DEV	OUTTOL	BONUS
平面5	0.000	0.100		0.000	0.000	0.000	

FCF平行度	毫米			∥ 0.1 A			
特征	NOMINAL	+TOL	-TOL	MEAS	DEV	OUTTOL	BONUS
平面11	0.000	0.100	0.000	0.080	0.080	0.000	0.000

FCF对称度	毫米			≡ 0.1 E			

图 5-78　立板件检测报告

六、项目评价

　　项目五结束后，按三坐标测量机关机步骤关机，并将工件、量检具、设备归位，清理、整顿、清扫。

　　项目五完成后要求提交以下学习成果：组内分工表（附表 5-1）、检测工艺表（附表 5-2）、检测报告（每组提交一份）、组内评价表（附表 5-3）、项目五综合评价表（附表 5-4），以及学习总结，具体表格见附件五。

七、习题自测

（一）单项选择题

1. 下面属于位置公差的是（　　　）。

   A. 平面度　　　　　　　　　　　B. 圆柱度

   C. 位置度　　　　　　　　　　　D. 圆度

2. 下列不属于形状公差的是（　　　）。

   A. 直线度　　　　　　　　　　　B. 垂直度

   C. 圆度　　　　　　　　　　　　D. 圆柱度

3. 自动测量外圆锥时，以下说法错误的是（　　　）。

   A. 测量圆锥前，不需要选择正确的工作平面

   B. 测量圆锥时，需要打开圆弧移动功能

   C. 圆锥的矢量方向自第一层测量位置指向第二层测量位置

   D. 至少需要测量两层

4. 测量球参数如图 5-78 所示，测量了整个球体的（　　　）。

   A. 全部　　　　　B. 1/2　　　　　C. 1/4　　　　　D. 1/8

5. 如图 5-79 所示的圆柱一共测量（　　　）个点。

   A. 6　　　　　　B. 12　　　　　　C. 9　　　　　　D. 18

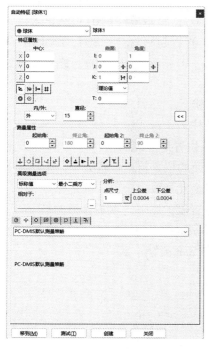

图 5-78　单项选择题 4

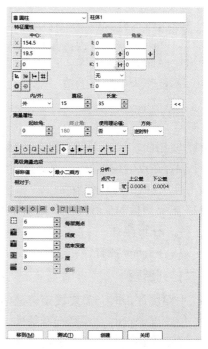

图 5-79　单项选择题 5

6. 在手动测量平面时，选取的测点数及其位置的分布对所测量的面的（　　）无影响。

　　A. 形状　　　　　　　　　　　　　B. 位置

　　C. 形状与位置　　　　　　　　　　D. 均无影响

7. 手动测量一条直线，并且要评价该直线的"直线度"，则最少应该测（　　）个点。

　　A. 2　　　　　　　B. 3　　　　　　　C. 4　　　　　　　D. 5

8. 不能使用 3-2-1 法建立坐标系的组合是（　　）。

　　A. 面/圆/圆　　　　　　　　　　　B. 面/线/点

　　C. 圆/圆/圆　　　　　　　　　　　D. 面/面/面

9. 下列描述自动测量的图 5-80 所示的半圆中参数设定正确的是（　　）。

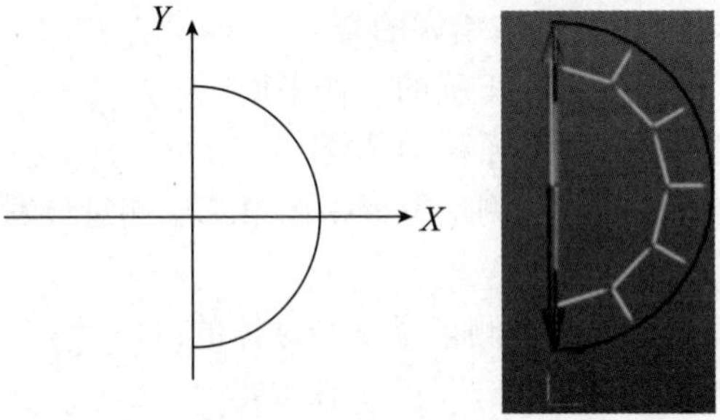

图 5-80　单项选择题 9

　　A. 曲面矢量（0，0，1）；角度矢量（0，1，0）；起始角（-90）；终止角（90）

　　B. 曲面矢量（1，0，0）；角度矢量（1，0，0）；起始角（-90）；终止角（90）

　　C. 曲面矢量（1，0，0）；角度矢量（0，1，0）；起始角（-180）；终止角（0）

　　D. 曲面矢量（0，0，1）；角度矢量（-1，0，0）；起始角（90）；终止角（270）

10. 不能作为坐标系的第一轴向的是（　　）。

　　A. 平面　　　　　　　　　　　　　B. 圆锥

　　C. 球　　　　　　　　　　　　　　D. 圆柱

11. 使用面、线、点自动建立坐标系时，其原点位置最准确的是（　　）。

　　A. 在点的位置处　　　　　　　　　B. 在面的位置特征位置处

　　C. 在线的特征位置处　　　　　　　D. 每个元素取一个值，确定原点

12. 需要测量 M5、螺距 1.25 mm 的螺纹孔的位置度，以下选项最合适的是（　　）。

　　A. 柱形测针　　　　　　　　　　　B. ϕ3 mm 测针

　　C. ϕ1 mm 测针　　　　　　　　　D. ϕ5 mm 测针

（二）判断题

1. 平面度评价时，需要设定合适的工作平面。　　　　　　　　　　　　　（　　）

2. 位置度评价时，需要选择基准。　　　　　　　　　　　　　　　　　　（　　）

3. 平面度评价时，不需要定义基准。　　　　　　　　　　　　　　　　　（　　）

4. 同轴度评价时，如果为公共基准，需要构造公共基准轴线。　　　　　　（　　）

八、学习总结

通过本项目的学习，了解了立板零件的测量，该零件为某检测大赛的赛题，充分考验了操作者从检测工艺规划到检测的实施，再到尺寸评价及报告输出的三坐标综合应用水平，是综合能力的考量，考验操作者分析问题和解决问题的能力。请对本项目进行学习总结并阐述学完本门课程的收获及感受。

_____

_____

_____

_____

附件五

附表 5-1 组内分工表

组名	项目组长	成员		任务分工
第（ ）组	（ ） 教师指派或小组推选	组员1：		
		组员2：		
		组员3：		
		组员4：		
		组员5：		

说明：建立工作小组（4~5人），明确工作过程中每个阶段的分工职责。小组成员较多时，可根据具体情况由多人分担同一岗位的工作；小组成员较少时，可一人身兼多职。小组成员在完成任务的过程中要团结协作，可在不同任务中进行轮岗。

附表 5-2 检测工艺表

公司/学校					
零件名		检验员		环境温度	
序列号		审核员		材料	
修订号		日期		单位	
检验设备		技术要求			

续表

序号	装夹形式	测针型号	检测序号	测针角度	
1				A：	B：
2				A：	B：
3				A：	B：
4				A：	B：
5				A：	B：
6				A：	B：
7				A：	B：
8				A：	B：

附表5-3　组内评价表

被考核人		考核人	
项目考核	考核内容	参考分值	考核结果
素质目标考核	遵守纪律	5	
	6S管理	10	
	团队合作	5	
知识目标	多角度测针的校验	10	
	操纵盒功能应用	10	
	坐标系的建立	10	
	距离评价	10	
能力目标	测针选择的能力	10	
	检测工艺制定的能力	10	
	尺寸检测的能力	20	
总分			

附表5-4　项目五综合评价表

1（工艺）	2（检测报告）	3（组内评价）	4（课程素养）	总成绩	组内排名

项目梳理

项目名称	项目节点	知识技能（任务）点	课程设计	学时
项目六 回转轴零件的自动测量	一、项目计划	1. 布置检测任务	课前熟悉图纸，完成组内分工（附表6-1）	2
		2. 三坐标测量机开关机	复习三坐标测量机开关机注意事项	
	二、项目分析	1. 分析检测对象	课中讲练结合	4
		2. 分析基准		
	三、项目决策	1. 确定零件装夹		
		2. 确定测针及测角		
		3. 根据测角规划检测工艺	课后提交检测工艺表（附表6-2）	
	四、项目实施	1. 测头校准及坐标系找正	课中讲练结合。课后复习回转体零件坐标系建立方法。小提示，检测过程要严谨细致、一丝不苟，培养强烈的质量意识	2
		2. 粗建坐标系		2
		3. 精建坐标系		2
		4. 自动测量特征提取		
		5. 自动程序编写		
	五、项目结论	1. 尺寸评价	课前复习公差测量相关知识	4
		2. 报告输出	课中讲练结合。课程素养，质检员不能擅自更改检测结果，严守职业道德。课后提交检测报告单	
	六、项目评价	1. 保存程序、测量机关机及整理工具	课后提交组内评价表（附表6-3）、项目六综合评价表（附表6-4）	
		2. 组内评价及项目六综合评价		

项目六成果：项目完成后要求提交组内分工表（附表6-1）、检测工艺表（附表6-2）、检测报告（每组提交一份）、组内评价表（附表6-3）、项目六综合评价表（附表6-4），以及学习总结，见附件六。

一、项目计划

课前导学

　教师给学生布置任务，学生通过查询互联网、查阅图书馆资料等途径收集相关信息，根据检测任务，熟悉图纸，了解被测要素及基准。

【布置检测任务】

　　现某质检部门接到生产部门的工件检测任务（工件检测尺寸见表6-1，工件图纸如图6-1所示），检测回转轴零件加工是否合格，要求如下：

（1）按图纸要求完成回转轴零件的检测。

（2）图纸中未标注公差按照±0.2 mm处理。

（3）按尺寸名称、实测值、公差值、超差值等方面，测量零件并生成检测报告，并以PDF文件输出。

（4）测量任务结束后，检测人员打印报告并签字确认。

表6-1　工件检测尺寸

序号	尺寸	描述	标称值	公差	上极限尺寸	下极限尺寸	关联元素 ID
1	DF001	尺寸直径	47	0/-0.05	47	46.95	CIR1
2	DF002	尺寸直径	30	±0.05	30.05	29.95	CYL1
3	DF003	尺寸直径	10	±0.2	10.2	9.8	CIR2
4	D004	尺寸 2D 距离	12	±0.2	12.2	11.8	PLN2, PNT1
5	D005	尺寸 2D 距离	24	0/-0.1	24	23.9	PLN1, PLN2
6	D006	尺寸 2D 距离	16	±0.2	16.2	15.8	PLN3, PNT2
7	DF007	尺寸直径	16	±0.05	16.05	15.95	CIR3
8	DF008	尺寸直径	20	±0.05	20.05	19.95	CIR4
9	CO009	FCF 同轴度	0	0.04/0	0.04	0	CYL2, CYL1

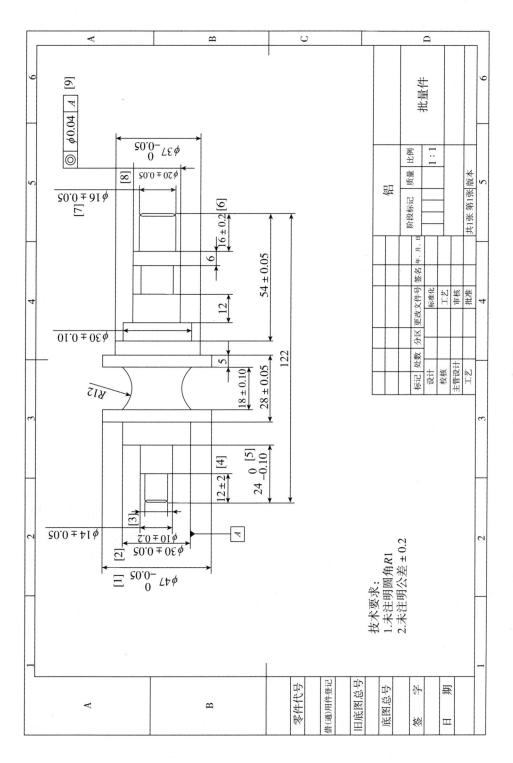

图 6-1　工件图纸

【三坐标测量机开关机】

三坐标测量机开关机的知识点在前面我们已经学习过，现请同学们完成下面判断题。

（1）三坐标测量机使用时对室内温度、湿度无特殊要求，可直接开机使用。（　　　）

（2）开机前要对导轨及工作台面进行清洁。（　　　）

（3）启动测量机前，先打开气源装置，要求气压高于 0.5 MPa。（　　　）

（4）测量机使用完毕后，可直接关机。（　　　）

二、项目分析

【分析检测对象】

根据"项目计划"环节布置的检测任务，认真读图，理解零件结构，确定图中被测要素及公差。

【分析基准】

根据"项目计划"环节布置的检测任务，认真读图，理解零件结构，确定图中基准。分析基准尤为重要，之后还会利用基准建立检测的坐标系。

三、项目决策

【确定零件装夹】

零件装夹最基本的原则是在满足测量要求的前提下以尽量少的装夹次数完成全部尺寸的测量。

本项目的待检测零件是一个回转轴类零件，待检测尺寸主要是圆柱体的直径和长度，且待检测尺寸分布在轴中心的两侧，故采用组合夹具 V 形块即可。为保证装夹的稳定性，采用两端支撑的方式，将零件放好后，调整水平方向，没有晃动即可，然后使用压爪夹紧工件，完成装夹。夹具体如图 6-2 所示。

图 6-2　夹具体

【确定测针及测角】

根据装夹形式确定两个测针角度为 A-90B0 与 A90B0。前者用于测量 [1] ~ [5] 尺寸；后者用于测量 [6] ~ [9] 尺寸。测量长度时，零件左侧最大长度是 24，右侧最大长度约为 45，综合考虑最后测针类型可以选择 3BY50 mm 的球形测针，测头文件如图 6-3 所示。

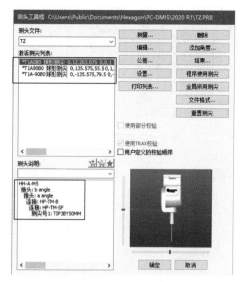

图 6-3　测头及角度配置

【根据测角规划检测工艺】

基于上述步骤，可以在同一角度下检测完所有被测要素后，再更换另一角度，从而规划出检测顺序，制定出检测工艺，并填写附表 6-2 检测工艺表。

小组进行方案展示，其他小组对该方案提出意见和建议，完善方案。

本小组确定检测方案的依据是零件装夹方式、检测顺序、测针型号、测针角度。

四、项目实施

【测头校准】

操作流程如下：

（1）新建测量程序。打开文件→新建程序→输入零件名称，零件名称可根据零件结构或图纸标注的代号进行填写，本案例中命名为"轴"，如图 6-4 所示。同时注意测量单位选择毫米，而不是英寸，一旦单位选择错误，会影响测量数据，"接口"栏在练习时选择"脱机"，如果需要测量，选择"连机"即可。

（2）配置测头。插入→硬件定义→测头菜单中选择进入测头功能窗口或编辑（F9）加载测头命令。测头文件的命名最好采用数字或字母的形式，按照前面的项目决策，配置测头如图 6-5 所示。

（3）添加角度，打开测头工具框，单击"设置"按钮进入设置页面，添加 A90B0 与 A-90B0。按 Ctrl 键，首先选择参考测针 A0B0，然后选择测针 T1A90B0、T1A-90B0，这时前面会显示顺序标号。未校验的角度前面有 ∗ 符号，如图 6-6 所示。

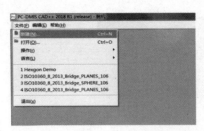

图 6-4　新建测量程序

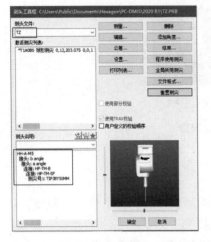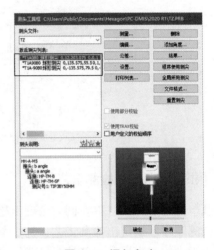

图 6-5　配置测头　　　　　　　　　　　　　　　　　图 6-6　添加角度

🔄 知识拓展

（1）添加单个角度，直接在对话框中输入 A 角、B 角所需度数即可，单击"新建"按钮，如图 6-7 所示。

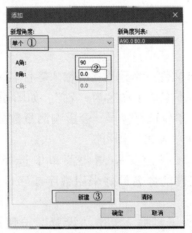

图 6-7　添加单个角度

（2）单击网格添加角度，在下拉菜单中选择"源自网格"，在网格中找到所需添加角度的位置，单击鼠标左键，网格变红，单击"确定"按钮，如图6-8所示。

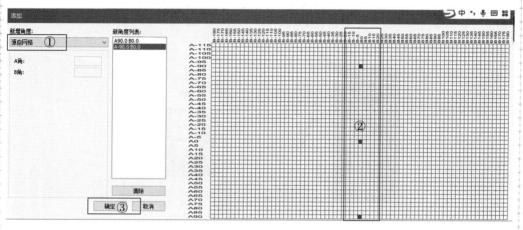

图6-8　源自网格

（3）添加多个角度，该方法主要适用于 A 角、B 角度数较多，并且按一定的增量变化的情况，如添加 A0～A90，B0～B180，每10度一个分度的所有角度，在下拉菜单中选择"多个"，按要求填写，单击"新建"按钮，如图6-9所示。

图6-9　多个角度

（4）把校验用的标准器（标准球）固定到机器上，保证标准球的稳固和清洁，同时，检查测头各连接部分是否稳定，将红宝石测球进行清洁。注：标准球都会随测量机配置，它是高精度的标准器，在使用中要注意保护。测头校验的结果对测量精度影响很大，要保证测量机精度，标准球需要定期校准，如图6-10所示。

（5）单击"编辑"按钮（图6-11），弹出"校验测头"对话框，按照图6-12所示设置参数。

图 6-10　标准球　　　　图 6-11　测量界面

（6）各参数介绍。

1）测点数：9。

2）逼近/回退距离：2.54。

3）移动速度：30 mm/s。

4）接触速度：2 mm/s。

5）操作类型：校验测尖。

6）模式：自动。

7）校验模式：用户定义（层数为3层，起始角为0°，终止角为90°）。

8）没有选择任何测尖时默认选择：所有测尖。

（7）单击"添加工具"按钮，设置标准球参数，如图6-13所示。如果已有定义好的标准球，可以从"可用工具列表"中选择，设置完毕后，单击"确定"按钮，返回"校验测头"对话框。其中，标准球的直径通常标注在标准球底座上。

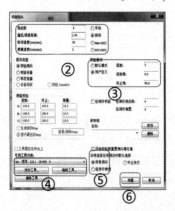

图 6-12　"检验测头"对话框　　　　图 6-13　"添加工具"的设置

（8）校验过程：执行"测量"→"是-手动采点定位工具"→"确定"命令，如图 6-14 所示。

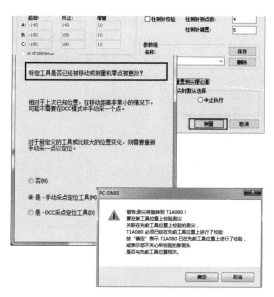

图 6-14 "采点"对话框

弹出"采点"提示框，如图 6-15 所示。

图 6-15 "采点"提示框

通过操作操纵盒，将测头移动到标准球上方最高点处（目测即可），进行采点，按操纵盒的确认键，采点结束，如图 6-16 所示。

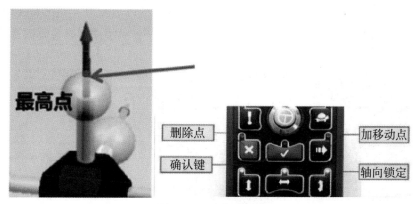

图 6-16 采点确认键

　　稍后机器将自动运行，按顺序校验完成所有角度。校验完成后，"激活测尖列表"里的＊消失。

　　（9）查看校验结果。"StdDev"是校验结果的标准差，这个误差应越小越好，一般结果小于0.002。注意：此处"StdDev"显示为0是因为脱机编程。当计算机连接打印机时可直接单击"打印"将测头校验结果打印出来，否则可以按复制，新建一个Word进行结果记录，如图6-17所示。

图6-17　校验结果

知识链接

　　在三坐标检测过程中有三个坐标系，即机床坐标系、数模坐标系和工件坐标系。

　　（1）机床坐标系：通常是在机器生产完成后确定的，机器的零点就是机器回家的位置，该坐标系唯一且无法更改，如图6-18所示。

　　（2）数模坐标系：当将数模导入到PC-DMIS软件后出现的坐标系即为数模坐标系，该坐标系通常是由三维软件CATIA、UG等绘图时确定的，如图6-19所示。

　　（3）工件坐标系：建立在工件上的坐标系，通常以基准建立，可以有多个，如图6-20所示。

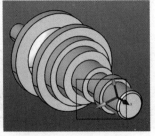

图6-18　机床坐标系　　　图6-19　数模坐标系　　　图6-20　工件坐标系

【坐标系找正】

为保证后面建立的坐标系准确，首先要对坐标系进行找正，操作步骤如下：

（1）执行"文件"→"导入"命令，选择三维数模相应的格式即可，如图6-21所示。

图6-21　导入数模

（2）判断目前的坐标系是否需要找正，判断依据是数模的坐标系是否满足右手定则（图6-22），本案例中数模坐标系需要进行旋转找正。

（3）执行"操作"→"图形显示窗口"→"转换"命令，出现"CAD转换"对话框。其中在"转换"栏相应坐标轴内输入数值，即可完成坐标原点在不同方向上的平移，在"旋转"栏输入旋转角度，以及选择旋转相应的坐标轴，即可完成以该轴为轴线的坐标系旋转。需要注意的是，无论平移还是旋转，都是坐标系不动，工件在动，所以需要注意数值正负号的填写，如图6-23所示。

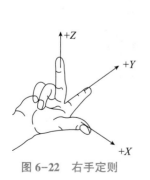

图6-22　右手定则

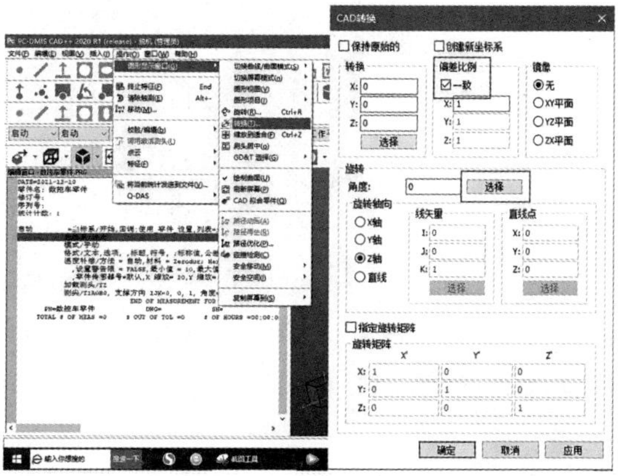

图6-23　"CAD转换"对话框

（4）经过转换后数模坐标系如图6-24所示。

图6-24　转换后坐标系

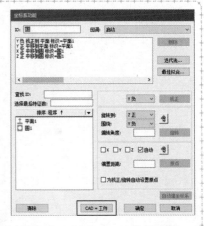

知识拓展

粗建坐标系的方法有以下两种：

（1）通过操纵盒在零件上手动打点，构造基准，然后应用前面所学的知识建立坐标系，需要注意的是在坐标系建立完成后，需要单击"CAD＝工件"，如图6-25所示。

（2）在程序模式下（ ），在数模上打点，构造元素，然后直接建立坐标系即可。

图6-25　"CAD＝工件"界面

【粗建坐标系】

本案例以第二种方法为例，讲解回转体零件粗建坐标系操作步骤：

（1）选择程序模式，确定好测头和工作平面，本案例中测头角度为A-90B0，工作平面为Y正，如图6-26所示。

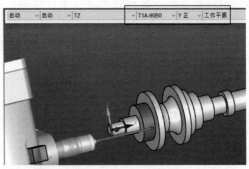

图6-26　角度及工作平面确定

（2）在基准A的端面打3个点，构造平面，按End键，平面创建完成，如图6-27所示。

（3）在基准A的圆柱面打3个点，按End键，圆创建完成，如图6-28所示。

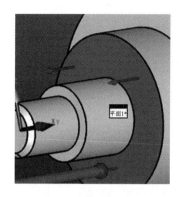

平面1

```
=特征/平面,直角坐标,三角形
理论值/<0.827,21.931,2.026>,<0,-1,0>
实际值/<0.827,21.931,2.026>,<0,-1,0>
测定/平面,3
  触测/基本,常规,<-7.135,21.931,10.013>,<0,-1,0>,<-7.13
  触测/基本,常规,<9.967,21.931,5.585>,<0,-1,0>,<9.967,2
  触测/基本,常规,<-0.351,21.931,-9.52>,<0,-1,0>,<-0.351
终止测量/
```

图 6-27 平面构造

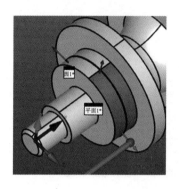

圆1

```
=特征/圆,直角坐标,外,最小二乘方
理论值/<0,27.189,0>,<0,1,0>,30,0
实际值/<0,27.189,0>,<0,1,0>,30,0
测定/圆,3,Y 正
  触测/基本,常规,<-14.998,29.213,0.259>,<-0.9998513,0,0
  移动/圆弧
  触测/基本,常规,<0.832,26.116,14.977>,<0.0554355,0,0.9
  移动/圆弧
  触测/基本,常规,<14.695,26.238,-3.009>,<0.979674,0,-0.
终止测量/
```

图 6-28 外圆构造

（4）粗建坐标系，可使用 Ctrl+Alt+A 组合键或执行"插入"→"坐标系"命令，其中平面 1 找正 Y 负和 Y 原点，圆 1 确定 X，Z 原点，如图 6-29 所示。

图 6-29 粗建坐标系界面

【精建坐标系】

精建坐标系在自动模式下进行，故要考虑是否会出现撞针的可能，可通过添加移动点、安全平面、安全空间等方式避免以上情况。

操作流程如下：

（1）按 Alt+Z 组合键切换成自动模式，或者在菜单栏中选择 ▐➔▾ 。

（2）自动特征——柱体，名称为 CYL1，3 层，9 个点，在精建时圆柱应尽量多测一些点，以此可以保证轴线矢量的准确性，具体参数设置如图 6-30 所示。

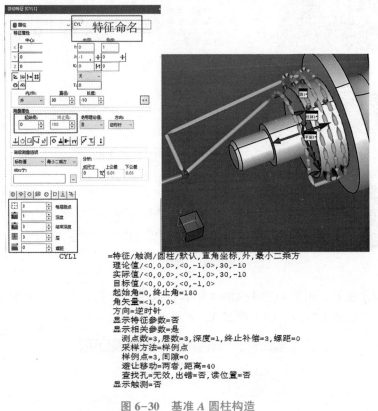

=特征/触测/圆柱/默认,直角坐标,外,最小二乘方
　理论值/<0,0,0>,<0,-1,0>,30,-10
　实际值/<0,0,0>,<0,-1,0>,30,-10
　目标值/<0,0,0>,<0,-1,0>
　起始角=0,终止角=180
　角矢量=<1,0,0>
　方向=逆时针
　显示特征参数=否
　显示相关参数=是
　　测点数=3,层数=3,深度=1,终止补偿=3,螺距=0
　　采样方法=样例点
　　样例点=3,间隙=0
　　避让移动=两者,距离=40
　　查找孔=无效,出错=否,读位置=否
　显示触测=否

图 6-30　基准 A 圆柱构造

参数解释如下：

1）中心：圆柱的理论中心值，本案例中为坐标原点，故为（0，0，0）。

2）曲面：圆柱矢量方向，第一层测点指向第二层测点，本案例中为（0，-1，0）。

3）角度：定义绕法线矢量 0° 位置。

4）内/外：内圆柱或外圆柱，本案例中自动识别为外圆柱。

5）直径：圆柱的理论直径。

6）起始角、终止角：角度矢量决定了起始角的位置，然后顺、逆时针决定了终止角的位置，两者共同决定了测量范围，本案例中由于有夹具的限制，圆柱下半部分无法测量，故选择了起始角 0°，终止角 180°，在没有条件限制时可选择终止角 360°，测量整个圆柱体。

7）每层测点：圆柱每一层的测点数，可自行设置。

8）层：自动特征时测量圆柱的层数，通常 ≥2。

9）深度：以特征中心为起点的偏置距离。

10）结束深度：以特征长度为起点的偏置距离。

11）距离：以特征中心为起点的回退距离。

12）两者：测量特征前后移动至该避让距离。

13）前：测量特征前移动至该避让距离。

14）后：测量特征后移动至该避让距离。

15）无：不使用避让距离。

通常情况下使用"两者"，如图 6-31 所示。

（3）自动特征——平面 PLN1，参数设置如图 6-32 所示，自动模式下生成的路径，可进行手动调整，以此可以避免碰撞。

图 6-31　避让设置

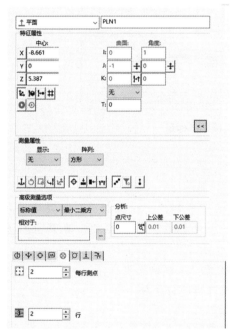

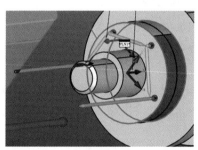

PLN1　=特征/触测/平面/默认,直角坐标,无,最小二乘方
理论值/<-8.661,0,5.387>,<0,-1,0>
实际值/<-8.661,0,5.387>,<0,-1,0>
目标值/<-8.661,0,5.387>,<0,-1,0>
角矢量=<1,0,0>,矩形
显示特征参数=否
显示相关参数=是
测点数=2,行数=2
间隙=0
避让移动=两者,距离=40
显示触测=否

图 6-32　PLN1 平面构造

（4）精建坐标系按 Ctrl+Alt+A 组合键，圆柱找正 Y 负，确定 X、Z 原点，平面确定 Y 原点，如图 6-33 所示。

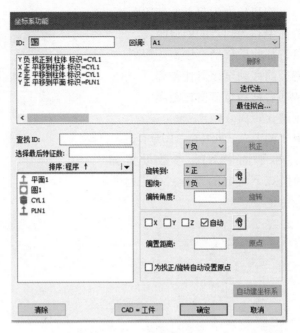

图 6-33　精建坐标系

🔄 知识拓展

（1）在创建坐标系时，采集一个元素即可创建一个坐标系，但是需要注意的是，当创建第二个坐标系时要回调第一个坐标系，以此类推，直至坐标系创建完成。

（2）也可以将所有元素全部采集完成后，一起建立坐标系。

以上两种方法均可，可根据自己个人习惯进行选择。

想一想

对于回转体零件，当采用上述方法创建完坐标系后发现 X、Z 轴仍在转动，是否是坐标系建立错误？如果使用该坐标系，是否可以进行后面的测量？

🎯【自动测量特征提取】

根据图纸要求对待测量尺寸进行自动特征提取，操作流程如下：

（1）自动特征——圆，命名 CIR1，两者避让 48，如图 6-34 所示。

（2）自动特征——圆，命名 CIR2，深度 5.785，两者避让 30，其他参数不变，如图 6-35 所示。

（3）自动特征——平面，命名 PLN2，2 行，每行 2 个测点，共计 4 个测点，两者避让 30 即可，如图 6-36 所示。

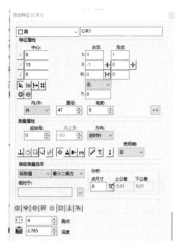

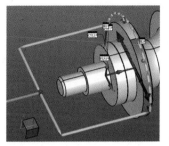

图 6-34　CIR1 构造

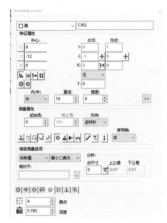

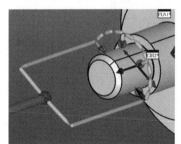

图 6-35　CIR2 构造

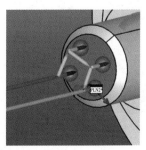

图 6-36　PLN2 构造

知识拓展

在自动模式下创建平面，除可以采用如上方法直接选择自动特征里的平面外，还可以采用构造的方法，尤其对于较小或位置较偏的平面，不好直接测量时，可采用该方法，操作步骤：选择自动中的矢量点 ⬆，在所需面上打点，确认，通常构造平面需要 3 个矢量点即可，注意三个点的分布尽量均匀，不要在一条直线上。然后选择构造平面 ⬆，选中矢量点，创建即可，如图 6-37 所示。

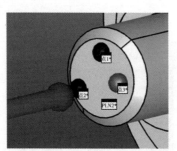
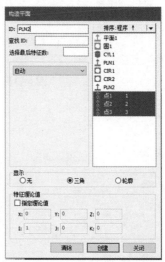

图 6-37 矢量点法构造平面

（4）自动特征——矢量点，命名 PNT1，先将测头选择至 A0B0，工作平面找正 Z 正

`T1A0B0 | Z正 | 工作平面`，在该面创建一矢量点，如图 6-38 所示。

此时轴左侧 1~5 尺寸的特征提取完成，转换测头角度 A90B0，对轴右侧尺寸特征进行提取，在转换测头时要将测头移动到安全位置，故可在此处添加移动点。

（5）自动特征——平面，命名 PLN3，设置参考前面，如图 6-39 所示。

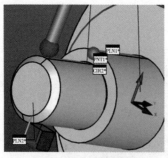

图 6-38 PNT1 构造 　　　 图 6-39 PLN3 构造

（6）自动特征——圆，命名 CIR3，测量点及路径如图 6-40 所示。

（7）自动特征——矢量点，命名 PNT2，测量如图 6-41 所示。

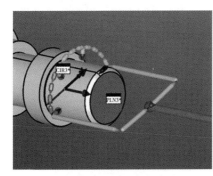

图 6-40　CIR3 构造

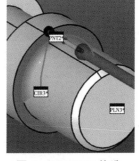

图 6-41　PNT2 构造

（8）自动特征——圆，命名 CIR4，测量如图 6-42 所示。

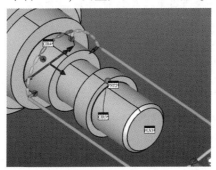

图 6-42　CIR4 构造

【自动程序编写】

在本案例自动程序编写过程中，需要注意不同元素采集时是否需要加移动点，测针变换角度时是否需要加移动点，综合以上考虑，程序编写如图 6-43 所示（节选）。

```
启动      =坐标系/开始,回调:使用_零件_设置,列表=是
          坐标系/终止
          模式/手动
          格式/文本,选项,,标题,符号,;标称值,公差,测定值,偏差,超差,,
          温度补偿/方法 = 自动,材料 = Zerodur; Nexcera,CTE=0
          ,设置警告限 = FALSE,最小值 = 10,最大值 = 40
          ,零件传感器号=默认,X 缩放= 20,Y 缩放= 20,Z 缩放= 20,工件温度=20
          加载测头/T2
          测尖/T1A-90B0, 支撑方向 IJK=0, -1, 0, 角度=0
          工作平面/Y正
平面1      =特征/平面,直角坐标,三角形
          理论值/<0.827,21.931,2.026>,<0,-1,0>
          实际值/<0.827,21.931,2.026>,<0,-1,0>
          测定/平面,3
          触测/基本,常规,<-7.135,21.931,10.013>,<0,-1,0>,<-7.135,21.931,10.013>,
          触测/基本,常规,<9.967,21.931,5.585>,<0,-1,0>,<9.967,21.931,5.585>,使用
          触测/基本,常规,<-0.351,21.931,-9.52>,<0,-1,0>,<-0.351,21.931,-9.52>,使
          终止测量/
圆1        =特征/圆,直角坐标,外,最小二乘方
          理论值/<0,27.189,0>,<0,1,0>,30,0
          实际值/<0,27.189,0>,<0,1,0>,30,0
          测定/圆,3,Y 正
          触测/基本,常规,<-14.998,29.213,0.259>,<-0.9998513,0,0.0172454>,<-14.998
          移动/圆弧
          触测/基本,常规,<0.832,26.116,14.977>,<0.0554355,0,0.9984623>,<0.832,26.
          移动/圆弧
          触测/基本,常规,<14.695,26.238,-3.009>,<0.979674,0,-0.2005965>,<14.695,2
          终止测量/
A1        =坐标系/开始,回调:启动,列表=是
          建坐标系/找平,Y负,平面1
```

图 6-43　自动检测程序

项目六　回转轴零件的自动测量

```
            建坐标系/平移,Y轴,平面1
            建坐标系/平移,X轴,圆1
            建坐标系/平移,Z 轴,圆1
            坐标系/终止
            模式/自动
CYL1     =特征/触测/圆柱/默认,直角坐标,外,最小二乘方
            理论值/<0,0,0>,<0,-1,0>,30,-10
            实际值/<0,0,0>,<0,-1,0>,30,-10
            目标值/<0,0,0>,<0,-1,0>
            起始角=0,终止角=180
            角矢量=<1,0,0>
            方向=逆时针
            显示特征参数=否
            显示相关参数=是
              测点数=3,层数=3,深度=1,终止补偿=3,螺距=0
              采样方法=样例点
              样例点=3,间隙=0
              避让移动=两者,距离=40
              查找孔=无效,出错=否,读位置=否
            显示触测=否
PLN1     =特征/触测/平面/默认,直角坐标,无,最小二乘方
            理论值/<-8.661,0,5.387>,<0,-1,0>
            实际值/<-8.661,0,5.387>,<0,-1,0>
            目标值/<-8.661,0,5.387>,<0,-1,0>
            角矢量=<1,0,0>,矩形
            显示特征参数=否
            显示相关参数=是
              测点数=2,行数=2
              间隙=0
              避让移动=两者,距离=40

PLN3     =特征/触测/平面/默认,直角坐标,无,最小二乘方
            理论值/<-0.085,98,1.301>,<0,1,0>
            实际值/<-0.085,98,1.301>,<0,1,0>
            目标值/<-0.085,98,1.301>,<0,1,0>
            角矢量=<-1,0,0>,矩形
            显示特征参数=否
            显示相关参数=是
              测点数=2,行数=2
              间隙=0
              避让移动=两者,距离=30
              使用边界偏移=是,偏置=2
            显示触测=否
CIR3     =特征/触测/圆/默认,直角坐标,外,最小二乘方
            理论值/<0,82,0>,<0,1,0>,16,0
            实际值/<0,82,0>,<0,1,0>,16,0
            目标值/<0,82,0>,<0,1,0>
            起始角=0,终止角=180
            角矢量=<-1,0,0>
            方向=逆时针
            显示特征参数=否
            显示相关参数=是
              测点数=4,深度=5.785,螺距=0
              采样方法=样例点
              样例点=0,间隙=0
              避让移动=两者,距离=30
              查找孔=无效,出错=否,读位置=否
            显示触测=否
```

图 6-43　自动检测程序（续）

五、项目结论

【尺寸评价】

需求学生完成公差相关知识点的学习。尺寸评价前面已经讲述过，这里不做赘述。

1. 尺寸 DF001 评价

圆尺寸评价见表 6-2。

表 6-2 圆尺寸评价

序号	尺寸	描述	标称值	上极限偏差	下极限偏差
1	DF001	尺寸直径	47	0	−0.05

选择特征位置命令，左侧栏选择 CIR1，输入理论值 47，上公差 0，下公差−0.05，如图 6-44 所示。尺寸评价结果如图 6-45 所示。

项
目
六

回
转
轴
零
件
的
自
动
测
量

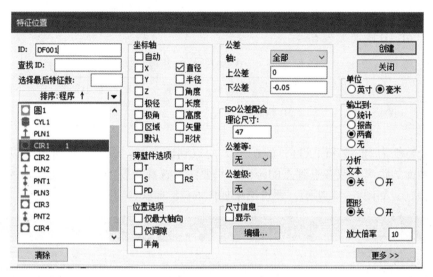

图 6-44 特征位置

```
DIM DF001= 圆 的位置CIR1  单位=毫米 ,$
图示=关  文本=关  倍率=10.00  输出=两者  半角=否
AX      NOMINAL      +TOL      -TOL      MEAS      DEV      OUTTOL
直径       47.000     0.000    -0.050    47.000    0.000    0.000
终止尺寸 DF001
```

图 6-45 DF001 尺寸评价

2. 尺寸 DF002/DF003 评价

DF002/DF003 尺寸评价见表 6-3。

表 6-3 DF002/DF003 尺寸评价

序号	尺寸	描述	标称值	上极限偏差	下极限偏差
2	DF002	尺寸直径	30	+0.05	−0.05
3	DF003	尺寸直径	10	+0.2	−0.2

评价方法参考 DF001，被评价特征选择"CYL1"和"CIR2"，评价结果如图 6-46 所示。

```
DIM DF002= 柱体 的位置CYL1 单位=毫米 ,$
图示=关 文本=关 倍率=10.00 输出=两者 半角=否
AX    NOMINAL      +TOL       -TOL        MEAS        DEV      OUTTOL
直径     30.000     0.050    -0.050     30.000      0.000        0.050 <--------
终止尺寸 DF002
DIM DF003= 圆 的位置CIR2 单位=毫米 ,$
图示=关 文本=关 倍率=10.00 输出=两者 半角=否
AX    NOMINAL      +TOL       -TOL        MEAS        DEV      OUTTOL
直径     10.000     0.200    -0.200     10.000      0.000        0.200 <--------
终止尺寸 DF003
```

图 6-46　DF002/DF003 尺寸评价

3. 尺寸 D004 评价

D004 尺寸 2D 距离见表 6-4。

表 6-4　D004 尺寸 2D 距离

序号	尺寸	描述	标称值	上极限偏差	下极限偏差
4	D004	尺寸 2D 距离	12	+0.2	−0.2

被评价特征为 PLN2 和 PNT1，即在 Y 方向点到面距离，该尺寸评价也可以使用前面学过的面到面的距离，或者点到点的距离，只要注意选择需要的工作平面和轴的方向，评价结果无差别，如图 6-47 所示。评价结果如图 6-48 所示。

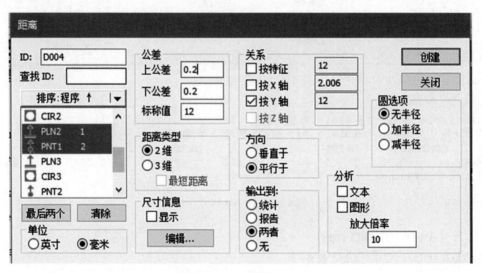

图 6-47　距离评价

```
DIM D004= 2D 距离平面 PLN2 至 点 PNT1 平行 至   Y 轴,无半径  单位=毫米,$
图示=关 文本=关 倍率=10.00 输出=两者
AX    NOMINAL      +TOL       -TOL        MEAS        DEV      OUTTOL
M      12.000     0.200     0.200     12.000      0.000        0.000 ----$----|
```

图 6-48　D004 尺寸评价

4. 尺寸 D005/D006 评价

D005/D006 评价见表 6-5。

表 6-5　D005/D006 评价

序号	尺寸	描述	标称值	上极限偏差	下极限偏差
5	D005	尺寸 2D 距离	24	0	−0.1
6	D006	尺寸 2D 距离	16	+0.2	−0.2

被评价特征为 PLN1、PLN2 和 PLN3、PNT2。评价结果如图 6-49 所示。

```
DIM D005= 2D 距离平面 PLN2 至 平面 PLN1 平行 至    Y 轴,无半径   单位=毫米,$
图示=关 文本=关 倍率=10.00  输出=两者
AX    NOMINAL      +TOL      -TOL       MEAS        DEV       OUTTOL
M     24.000       0.000    -0.100     24.000      0.000      0.000 $--------
DIM D006= 2D 距离平面 PLN3 至 点 PNT2 平行 至     Y 轴,无半径   单位=毫米,$
图示=关 文本=关 倍率=10.00  输出=两者
AX    NOMINAL      +TOL      -TOL       MEAS        DEV       OUTTOL
M     16.000       0.200    -0.200     16.000      0.000      0.200 <--------
                        END OF MEASUREMENT FOR
```

图 6-49　D005/D006 尺寸评价

5. 尺寸 DF007/DF008 评价

DF007/DF008 评价见表 6-6。

表 6-6　DF007/DF008 评价

序号	尺寸	描述	标称值	上极限偏差	下极限偏差
7	DF007	尺寸直径	16	+0.05	−0.05
8	DF008	尺寸直径	20	+0.05	−0.05

被评价特征为 CIR3 和 CIR4，评价方法参考 DF001。评价结果如图 6-50 所示。

```
DIM DF007= 圆 的位置CIR3  单位=毫米 ,$
图示=关 文本=关 倍率=10.00  输出=两者  半角=否
AX    NOMINAL      +TOL      -TOL       MEAS        DEV       OUTTOL
直径    16.000      0.050    -0.050     16.000      0.000      0.050 <--------
终止尺寸 DF007
DIM DF008= 圆 的位置CIR4  单位=毫米 ,$
图示=关 文本=关 倍率=10.00  输出=两者  半角=否
AX    NOMINAL      +TOL      -TOL       MEAS        DEV       OUTTOL
直径    20.000      0.050    -0.050     20.000      0.000      0.050 <--------
终止尺寸 DF008
```

图 6-50　DF007/DF008 尺寸评价

6. 尺寸 CO009 评价

CO009 评价见表 6-7。

表 6-7　CO009 评价

序号	尺寸	描述	标称值	上极限偏差	下极限偏差
9	CO009	FCF 同轴度	0	0.04	0

被评价特征为 CYL2，基准为"CYL1"，如图 6-51 所示。

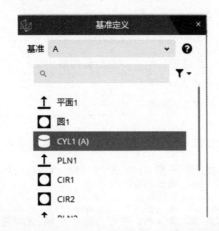

图 6-51　CO009 尺寸评价

【报告输出】

操作步骤如下：

（1）执行"文件"→"打印"→"报告窗口打印设置"命令，弹出"输出配置"对话框。

（2）在"输出配置"对话框切换为"报告"选项卡（默认）。

（3）勾选"报告输出"复选框。

（4）方式选择"自动"，输出格式为"可移植文档格式（PDF）"。

（5）按 Ctrl+Tab 组合键切换至"报告"选项卡，单击打印报告按钮，在指定路径"D：\ PC-DMIS \ MISSION2"下生成测量报告，如图 6-52 所示。

注：该软件支持生成报告后同步在打印机上联机打印报告，只需要勾选"打印机"前的复选框，这时后面的"副本"选项激活，用于控制打印份数。

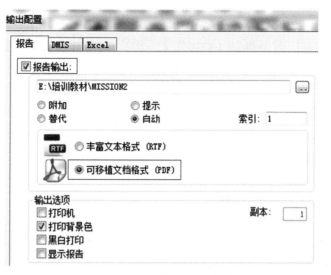

图 6-52　"输出配置"对话框

小提示

　　良好的职业修养是每个优秀员工必备的素质，良好的职业道德是每个员工必须具备的基本品质，这两点是企业对员工最基本的规范和要求，同时，也是每个员工担负起自己的工作责任必备的素质。概括而言，职业道德主要应包括以下几个方面的内容：忠于职守，乐于奉献；实事求是，不弄虚作假；依法行事，严守秘密；公正透明，服务社会。作为企业员工，要有一种责任感和使命感，以主人翁的精神，积极、主动地面对工作，踏踏实实工作，勤勤恳恳奉献，那么企业也将给予丰厚的回报。

六、项目评价

　　项目六结束后，按三坐标测量机关机步骤关机，并将工件、量检具、设备归位，清理、整顿、清扫。

　　本课程基于成果导向进行设计，通过学习，学生可获得课程预期学习成果，见表 6-8。

表 6-8　课程预期学习成果表

序号	课程预期学习成果	支撑的毕业要求	权重
1	使用检测相关术语描述现代测量仪器的工作原理	专业能力	25%
2	应用现代测量设备对给定的典型零件进行测量精度、检测方案制订等		
3	基本上无差错地做出检测零件的检测数据、分析及检测报告		
4	应用创新思维，对检测方案进行优化	创新能力	15%
5	执行 6S 标准，按照操作规程正确、规范、安全操作设备	职业素养	20%
6	在任务实施过程中，具有制订计划、组织成员顺利完成任务的能力	团队协作	20%
7	养成主动的、探索的、自我更新的、学以致用的良好习惯	持续发展能力	20%

基于上述学习成果，项目六完成后要求提交以下成果：组内分工表（附表6-1）、检测工艺表（附表6-2）、检测报告（每组提交一份）、组内评价表（附表6-3）、项目六综合评价表（附表6-4），以及学习总结，具体表格见附件六。

七、习题自测

1. 简述 PC-DMIS 软件进行检测报告打印输出的方法。
2. 简述 PC-DMIS 软件进行距离尺寸评价的方法。
3. 简述 PC-DMIS 软件进行直径尺寸评价的方法。
4. 简述 PC-DMIS 软件进行角度尺寸评价的方法。
5. 简述 PC-DMIS 软件进行平面度评价的方法。
6. 简述 PC-DMIS 软件进行圆度评价的方法。
7. 简述 PC-DMIS 软件进行圆柱度评价的方法。
8. 简述 PC-DMIS 软件进行垂直度评价的方法。
9. 简述 PC-DMIS 软件进行平行度评价的方法。
10. 简述 PC-DMIS 软件进行同轴度评价的方法。
11. 简述 PC-DMIS 软件进行位置度评价的方法。

八、学习总结

通过本项目的学习，巩固了对三坐标测量机的使用，增强了动手能力，同时，学习了如何编写自动测量的检测程序。请对本项目进行学习总结并阐述在科学技术高速发展的今天，作为新时代青年的感想。

附件六

附表6-1　组内分工表

组名	项目组长	成员	任务分工
第（　）组	（　　） 教师指派或小组推选	组员1：	
		组员2：	
		组员3：	
		组员4：	
		组员5：	

说明：建立工作小组（4~5人），明确工作过程中每个阶段的分工职责。小组成员较多时，可根据具体情况由多人分担同一岗位的工作；小组成员较少时，可一人身兼多职。小组成员在完成任务的过程中要团结协作，可在不同任务中进行轮岗。

附表6-2 检测工艺表

公司/学校					
零件名		检验员		环境温度	
序列号		审核员		材料	
修订号		日期		单位	
检验设备		技术要求			
序号	装夹形式	测针型号	检测序号	测针角度	
1				A:	B:
2				A:	B:
3				A:	B:
4				A:	B:
5				A:	B:
6				A:	B:
7				A:	B:
8				A:	B:

附表6-3 组内评价表

被考核人			考核人	
项目考核	考核内容		参考分值	考核结果
素质目标考核	遵守纪律		5	
	6S管理		10	
	团队合作		5	
知识目标	多角度测针的校验		10	
	操纵盒功能应用		10	
	坐标系的建立		10	
	距离评价		10	
能力目标	测针选择的能力		10	
	检测工艺制定的能力		10	
	尺寸检测的能力		20	
总分				

附表6-4 项目六综合评价表

1（工艺）	2（检测报告）	3（组内评价）	4（课程素养）	总成绩	组内排名

参 考 文 献

［1］罗晓晔，王慧珍，陈发波．机械检测技术［M］．杭州：浙江大学出版社，2017.

［2］刘斌．机械精度设计与检测基础［M］．北京：国防工业出版社，2021.

［3］鲁储生．精密检测技术［M］．北京：机械工业出版社，2018.

［4］全国产品几何技术规范标准化技术委员会．产品几何技术规范（GPS）国家标准应用指南［M］．北京：中国标准出版社，2010.

［5］周湛学，赵小明，雒运强．图解机械零件精度测量及实例［M］．北京：化学工业出版社，2009.

［6］中国标准出版社第三编辑室．产品几何技术规范标准汇编：尺寸公差卷［M］．北京：中国标准出版社，2010.